U0288657

电工电路实践维修

红宝书

黄海平　黄　鑫　编著

科学出版社

内 容 简 介

本书重点介绍维修电工应该具备的基础知识和操作技能,重点内容是维修电工在工作中常见电路的应用和检修,内容实用性强,可操作性强。

本书主要内容包括电动机直接启动电路维修、电动机降压启动电路维修、电动机制动控制电路维修、供排水及液位控制电路维修、电气设备控制电路维修、照明电路维修、保护电路维修、其他电路维修及低压电路维修。

本书内容丰富、图文并茂、电路分析详尽易懂、维修指导即学即用,是一本电工技术人员不可多得的学习用书。

本书可供各大院校电工、电子及相关专业师生参考阅读,也可作为电工技术人员的参考用书。

图书在版编目(CIP)数据

电工电路实践维修红宝书/黄海平,黄鑫 编著.—北京:科学出版社,2014.4

(实用电工电路红宝书)

ISBN 978-7-03-039574-0

Ⅰ.电… Ⅱ.①黄…②黄… Ⅲ.电工-维修 Ⅳ.TM07

中国版本图书馆 CIP 数据核字(2014)第 008225 号

责任编辑:孙力维 杨 凯 / 责任制作:魏 谨
责任印制:赵德静 / 封面设计:周 杰
北京东方科龙图文有限公司 制作
http://www.okbook.com.cn

科学出版社 出版
北京东黄城根北街 16 号
邮政编码:100717
http://www.sciencep.com
新科印刷有限公司 印刷
科学出版社发行 各地新华书店经销

*

2014 年 4 月第 一 版 开本:A5(890×1240)
2014 年 4 月第一次印刷 印张:7 1/2
印数:1—4 000 字数:230 000

定 价:36.00 元

(如有印装质量问题,我社负责调换)

前　言

　　为了更快更好地提高电工技术人员的实际操作及动手维修的能力，笔者根据三十多年的实践经验，详尽分析、总结了100多例常见电工电路的工作原理、常见故障及维修技巧，以帮助读者快速解决实际工作中遇到的技术难题。

　　本书的重点在于维修电工应该具备的基础知识和操作技能，对维修电工在工作中常见电路的应用和检修作了详细介绍，内容实用性强，可操作性强。

　　书中在许多章节还配有大量现场实操照片，实现手把手教学电工维修技术，使读者能在极短的时间内快速进入角色，是一本电工人员不可多得的学习用书。

　　本书共9章，主要内容包括电动机直接启动电路维修、电动机降压启动电路维修、电动机制动控制电路维修、供排水及液位控制电路维修、电气设备控制电路维修、照明电路维修、保护电路维修、其他电路维修及低压电路维修。

　　参加本书编写的还有林光、李志平、李燕、傅国、黄海静、李雅茜、王义政等同志，在此表示衷心的感谢。

　　由于作者水平有限，编写时间仓促，书中难免有不妥之处，敬请读者批评斧正，以便修订改之。

黄海平

2013 年 10 月于山东威海福德花园

目 录

第 2 章　电动机降压启动电路维修

第3章 电动机制动控制电路维修

第4章 供排水及液位控制电路维修

第5章 电气设备控制电路维修

第6章　照明电路维修

第7章　保护电路维修

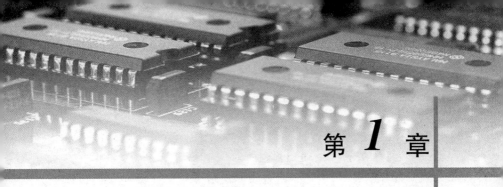

第 *1* 章

电动机直接启动电路维修

1.1 单向点动控制电路维修技巧

1. 工作原理

点动又称为寸动,顾名思义就是按下按钮开关,电动机就转动;松开按钮开关,电动机就停止运转。在很多控制领域中使用的这种方法,是用按钮、接触器控制方法中最为简单的一种。

单向点动控制电路及断路器外观如图 1.1 所示,从图中可以看出,合上主回路断路器 QF_1 及控制回路断路器 QF_2,电源兼停止指示灯 HL_1 亮,说明电源正常。只要按下点动按钮 SB(1-3),交流接触器 KM 线圈得电吸合,其三相主触点闭合,电动机得电运转;同时 KM 辅助常闭触点(1-5)断开,指示灯 HL_1 灭,KM 辅助常开触点(1-7)闭合,指示灯 HL_2 亮,说明电动机运转了。松开按钮开关 SB,交流接触器 KM 线圈断电释放,其三相主触点断开,电动机失电停止运转;同时 KM 辅助常开触点(1-7)断开,指示灯 HL_2 灭,KM 辅助常闭触点(1-5)闭合,指示灯 HL_1 亮,说明电动机停止运转了。图 1.1 中断路器 QF_1、QF_2 可以配合安装导轨,装于配电盘中,且安装非常方便。

2. 常见故障及排除方法

① QF_2 断路器合不上。此故障可能原因包括:QF_2 后端连接导线有破皮短路现象;QF_2 断路器本身故障损坏。

② 每次按下点动按钮 SB,QF_2 断路器就动作跳闸。此故障可能原因为交流接触器 KM 线圈烧毁短路。

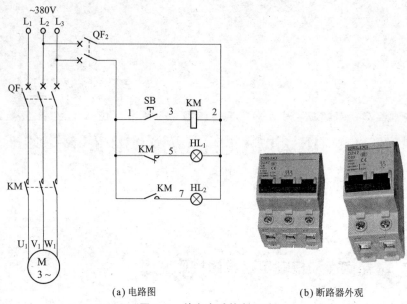

(a) 电路图　　　　　　　　　　　(b) 断路器外观

图 1.1　单向点动控制电路

③ 松开按钮 SB 后,交流接触器 KM 线圈仍吸合不释放,电动机仍运转。此故障有三种可能原因,应分别处理。第一种故障原因是,断开控制回路断路器 QF₂,用耳朵听交流接触器 KM 是否有释放声音,并观察其动作情况,若交流接触器动作则故障原因一般为按钮开关 SB 短路,更换按钮开关即可排除;第二种故障原因是,交流接触器主触点熔焊,更换交流接触器即可排除;第三种故障原因是,交流接触器铁心极面有油污造成释放缓慢,处理方法很简单,将交流接触器打开,用细砂纸或干布将铁心极面擦净即可。

④ 每次按 SB,主回路断路器 QF₁ 就跳闸。可能原因包括:电动机出现故障;断路器 QF₁ 自身有故障;主回路有接地现象;导线短路。

⑤ 每次按 SB,电动机嗡嗡响但不转动。可能原因是电源缺相,应检查 QF₁、KM、FR 以及供电电源 L₁、L₂、L₃,查找缺相处并加以排除。

⑥ 按下 SB 无反应。可能原因包括按钮 SB 损坏;交流接触器 KM 线圈断路;控制回路开路;导线脱落。

1.2 用一根导线完成现场、远程两地启停控制电路维修技巧

1. 工作原理

图 1.2 所示是一种非常实用的用一根导线完成的现场、远程两地启停控制电路。现场控制按钮按常规控制电路连接，但是需在现场停止按钮 SB_1 的前面串联两只白炽灯泡 EL_1、EL_2。

当需远程启动电动机时，按下远程控制按钮 SB_3（将远程处电源 L_3 接入），现场配电柜中交流接触器 KM 线圈与现场电源 L_2 相形成回路，使交流接触器 KM 线圈得电吸合且自锁，KM 三相主触点闭合，电动机得电启动运转。此时松开远程启动按钮 SB_3（远程电源 L_3 解除），现场交流接触器 KM 线圈则会通过两只白炽灯泡 EL_1、EL_2 与现场配电柜中电源 L_3 相形成回路而继续给交流接触 KM 线圈供电。需远程停止时，则按下停止按钮 SB_4（将远程处电源 L_2 接入），交流接触器 KM 线圈两端都为 L_2 相电源（同相），同相时，KM 线圈断电释放，KM 三相主触点断开，电动机失电停止运转。

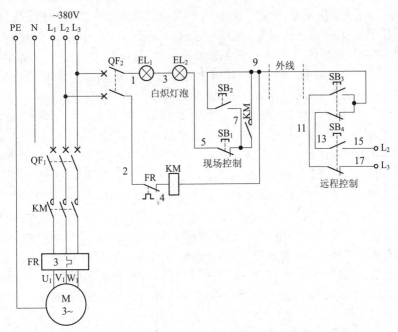

图 1.2 用一根导线完成现场、远程两地启停控制电路

在正常运转时,交流接触器 KM 线圈与两只电源电压为 220V 的白炽灯泡相串联,其白炽灯泡的功率可根据交流接触器规格型号来试验确定。通过试验得知,CDC10-40 型的交流接触器可采用 60W 的白炽灯泡串联,即能使 CDC10-40 型的交流接触器线圈可靠吸合。如果交流接触器功率大于 CDC10-40,则需通过现场实际试验增大白炽灯泡的功率。在正常工作时,两只灯泡都不亮,而在远地按下停止按钮 SB₄ 时(将远程处电源 L₃ 接入),交流接触器 KM 线圈两端为同相而断电释放,同时两只串联的白炽灯泡在交流接触器 KM 自锁触点未断开前因被施加了 380V 交流电源而点亮,而随着交流接触器 KM 自锁触点的断开而熄灭;也就是说,在按下远程停止按钮 SB₄ 时,白炽灯泡会瞬间闪亮一下,这也可用作远地停止指示灯。

本电路应接在同一供电系统中。接线时要注意电源相序,并正确连接。另外,远程控制按钮 SB₃、SB₄ 上存在两相(L₂、L₃)电源,使用及维修时应特别引起注意,千万不要随意短接 SB₃、SB₄ 按钮,以免出现电源短路问题。

2. 常见故障及排除方法

①现场操作正常,但远程启动没有反应。此故障原因为:外线断了、L₃ 相无电、SB₄ 停止按钮常闭触点(11-17)断路,启动按钮 SB₃ 常开触点(9-11)损坏无法闭合。对于外线断了的故障,可仔细查出断丝处接好即可;对于 L₃ 相无电,可用测电笔或万用表找出无电原因恢复即可;对于 SB₄、SB₃ 按钮开关损坏故障,可用新品替换即可。

②电动机经常自动停止。此故障原因很多,通常为控制回路连线松动、时接时断,热继电器 FR 整定电流值不对,电动机出现过载问题,热继电器 FR 自身出现故障。遇到上述故障时,先切断主回路断路器 QF₁,再启动控制电路,观察配电箱内的交流接触器 KM 工作是否正常,若正常,没有出现交流接触器 KM 自动停止现象,可排除控制回路连线松动问题。再合上主回路断路器 QF₁,重新启动电动机,用钳形电流表测量电动机三相电流,当电流值小于额定电流时,可重新调整设定电流值在正确位置,并观察电动机的运转情况,倘若故障消失,则为设定过小;倘若故障依然存在,可将热继电器 FR 控制常闭触点(2-4)短接起来试之,倘若故障消失,则为热继电器 FR 自身损坏所致,需更换新品故障即可排除。

1.3 启动、停止、点动混合电路维修技巧(一)

1. 工作原理

在常用启动、停止控制电路中增加一个点动操作功能可以使操作者在使用设备时更加方便。

图1.3所示为启动、停止、点动的混合电路(一)。合上断路器 QF_1、QF_2，指示灯 HL_2 亮，说明电源正常。

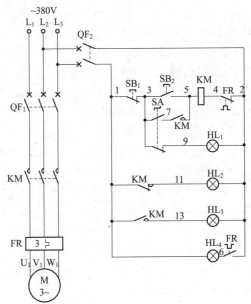

图 1.3 启动、停止、点动的混合电路(一)

启动时，按下启动按钮 SB_2（注意，此时转换开关 SA 应处于闭合状态，点动指示灯 HL_1 灭），交流接触器 KM 线圈得电吸合且自锁，其三相主触点闭合，电动机得电运转，同时指示灯 HL_2 灭、HL_3 亮，说明电动机运转了。欲停止电动机则按下停止按钮 SB_1，交流接触器 KM 线圈失电释放，其三相主触点断开，切断了电动机电源，电动机失电停转。同时指示灯 HL_3 灭、HL_2 亮，说明电动机已停止。

倘若需点动操作时，则可将选择开关 SA 处于断开状态（实际上就是利用它切断自锁回路，此时点动指示灯 HL_1 亮），此时按下启动按钮

SB₂，由于交流接触器 KM 自锁回路被切断，所以为点动操作方式。该方法简单、实用、效果较理想。

2. 常见故障及排除方法

① 按下启动按钮 SB₂，交流接触器 KM 线圈无反应。可能的故障原因是启动按钮 SB₂ 损坏或接触不良；启动按钮 SB₂ 上的 3# 线或 5# 线脱落；停止按钮 SB₁ 损坏或接触不良；停止按钮上的 1# 线或 3# 线脱落；交流接触器 KM 线圈损坏开路或连线掉线；热继电器 FR 常闭触点过载动作未复位（设置在手动复位状态）或损坏或连线脱落。读者可根据上述故障现象参照前面讲述的有关电路故障排除方法来解决。

② 长动变为点动。此故障为缺少自锁问题。可能原因是转换开关 SA 损坏开路；转换开关 SA 与交流接触器 KM 辅助常开自锁触点上的 7# 线脱落；转换开关与停止按钮 SB₁ 及启动按钮 SB₂ 上的 3# 线脱落；交流接触器 KM 辅助常开自锁触点损坏或自锁触点上的 5# 线或 7# 线脱落。上述情况可根据实际现场故障对号入座并加以排除，即导线脱落的应连接好，器件损坏或接触不良的应更换。

③ 电动机过载，热继电器 FR 不动作。可能的故障原因包括热继电器控制常闭触点 FR 接线错误，未接在交流接触器 KM 线圈回路中，起不到保护作用，应恢复正确接线；热继电器 FR 电流整定值远远大于电动机额定电流值，使热继电器不能正常动作，应调整至电动机额定电流值；在电动机过载时，恰好交流接触器 KM 主触点熔焊或交流接触器 KM 铁心极面有油污粘连而造成延时释放现象，此时即使热继电器 FR 常闭触点已动作断开了，但交流接触器主触点因上述原因仍然闭合，电动机处于过载状态继续运转，解决方法是应立即切断主回路电源，并根据现场实际故障问题更换或修理交流接触器；热继电器 FR 损坏不能正常工作，应更换一只同型号同规格的热继电器。

④ 按下停止按钮 SB₁，电动机不停止。此故障原因包括停止按钮 SB₁ 损坏短路从而不能断开控制电路，应更换新品；交流接触器自身机械卡住故障或交流接触器铁心极面有油污粘连缓慢释放或交流接触器三相主触点熔焊，此时应立即切断主回路断路器 QF₁，对交流接触器进行修理或更换新品；按钮开关上的 1# 电源线与 5# 启动线搭接短路。

⑤ 没有点动设置。无论转换开关 SA 设置在什么状态，均为长动状态（即自锁状态），而没有点动功能。此故障原因是转换开关 SA 已短路损坏，处理方法很简单，更换一只相同的转换开关即可。

⑥ 控制回路断路器 QF_2 送不上。其故障原因是下端存在短路现象,应根据实际问题用万用表逐点检查并排除。

⑦ 每次按下启动按钮 SB_2,控制回路断路器 QF_2 都跳闸。此故障原因是交流接触器线圈烧毁后短路或 $5^\#$ 线脱落搭接至接触器线圈 KM 的另一端电源线上了,应根据实际情况更换线圈或恢复正确接线。

1.4 启动、停止、点动混合电路维修技巧(二)

1. 工作原理

启动、停止、点动混合电路(二)如图 1.4 所示。合上断路器 QF_1、QF_2,电源指示灯 HL_2 亮,说明电源正常。

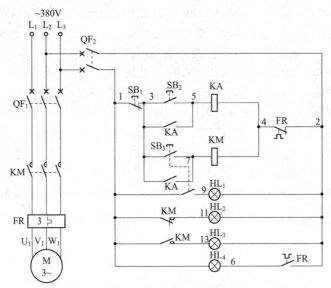

图 1.4 启动、停止、点动混合电路(二)

启动时,按下启动按钮 SB_2,中间继电器 KA 线圈得电吸合且自锁,KA 串联在交流接触器 KM 线圈回路中的常开触点同时闭合,KM 线圈得电吸合,其三相主触点闭合,电动机得电运转工作,同时指示灯 HL_2 灭、HL_3 亮,说明电动机运转了。

停止时,按下停止按钮 SB_1,中间继电器 KA、交流接触器 KM 线圈同时断电释放,KA 自锁触点断开解除自锁,KM 三相主触点断开,电动机电源被切断从而停止运转,同时指示灯 HL₃ 灭、HL₂ 亮,说明电动机停止运转了。

点动时,按下点动按钮 SB₃,交流接触器 KM 线圈得电吸合,但因无自锁触点所以不能自锁,其三相主触点闭合,电动机得电运转工作,同时点动指示灯 HL₁ 亮;松开点动按钮 SB₃,交流接触器 KM 线圈断电释放,其三相主触点断开,切断电动机电源,电动机停止工作,同时点动指示灯 HL₁ 灭。

也就是说,电路中若只有交流接触器 KM 吸合工作,那么它肯定是点动;如果电路中中间继电器 KA、交流接触器 KM 同时吸合工作,那么它肯定是长动。用上述方法观察配电盘内元器件的工作情况,就可以知道电路处于什么工作状态了。

2. 常见故障及排除方法

① 按下长动按钮 SB₂,中间继电器 KA 线圈吸合且自锁,但交流接触器 KM 线圈无反应、不吸合。此故障可通过按下点动按钮 SB₃ 来快速判断,若按下点动按钮 SB₃ 后交流接触器 KM 线圈吸合,当松开点动按钮 SB₃ 时交流接触器 KM 线圈立即断电释放,那么此故障为与点动按钮 SB₃ 并联的中间继电器 KA 常开触点损坏或接线脱落;若按下点动按钮 SB₃ 后交流接触器 KM 线圈无反应,可能是交流接触器 KM 线圈断路或连线脱落,可用万用表进行测量找出故障点并加以排除。

② 按下长动按钮 SB₂ 或点动按钮 SB₃ 均为长动状态。此故障原因是 5# 线与 7# 线混线短路所致,如图 1.5 中虚线所示。此时,无论按下长动按钮 SB₂ 还是点动按钮 SB₃ 均能使中间继电器 KA、交流接触器 KM 线圈得电吸合且自锁,从而出现上述问题;可用万用表找出故障点并排除。

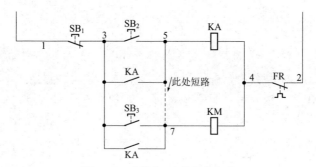

图 1.5　5# 线与 7# 线混线短路

③ 按下长动按钮 SB_2 或点动按钮 SB_3 均为点动状态,自锁回路消失。此故障有两个原因:一是最容易出现的故障,即与长动按钮 SB_2 并联的中间继电器 KA 常开触点损坏或接触不良,用万用表检查后更换掉即可;二是电路中若同时出现两个故障,即中间继电器 KA 线圈断路不能吸合,以及 5#线与 7#线短路了,如图 1.6 所示。

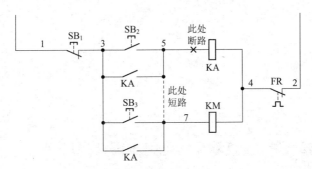

图 1.6 自锁回路消失

④ 电动机运转时按下停止按钮 SB_1,中间继电器 KA 线圈断电释放,但交流接触器 KM 仍然工作,电动机不能停止运转,待一段时间后(时有时无,时间不一样),交流接触器 KM 自行释放,电动机停止运转。根据上述现象分析,此故障为交流接触器 KM 自身动、静铁心极面有油污或生锈从而造成释放缓慢。可将此交流接触器拆开后清理动、静铁心极面或更换新品。

⑤ 按下长动按钮 SB_2 无反应,按下点动按钮工作正常。此故障有两种原因:一是长动按钮 SB_2 损坏,可用下述方法检验,用尖嘴钳或导线将长动按钮 3#线、5#线短路,若此时中间继电器 KA 线圈吸合且自锁,则可判定按钮 SB_2 损坏,更换新按钮即可;二是将长动按钮 3#线、5#线短路后无反应,基本上可以判定故障为中间继电器 KA 线圈断路或连线脱落,用万用表检查确定并加以排除。

⑥ 合上控制回路断路器 QF_2,电动机就运转。此故障的主要原因是点动按钮 SB_3 短路损坏。从图 1.7 中虚线部分可以看出,若 SB_3 短路了,那么一合上 QF_2,交流接触器 KM 线圈就吸合,电动机势必得电运转,一断开 QF_2,交流接触器 KM 线圈也随之断电释放(说明不是交流接触器主触点熔焊现象),从而证明判断是正确的,可用万用表或试电笔对此部分进行检查并排除故障。

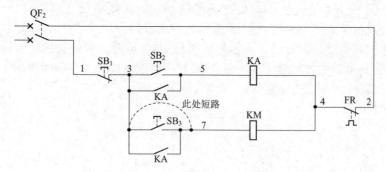

图 1.7 点动按钮 SB₃ 短路损坏

1.5 启动、停止、点动混合电路维修技巧(三)

1. 工作原理

启动、停止、点动混合电路(三)如图 1.8 所示。

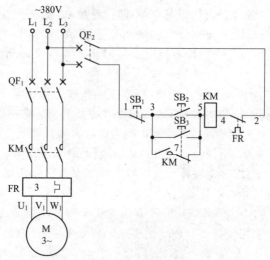

图 1.8 启动、停止、点动混合电路(三)

首先合上主回路断路器 QF_1、控制回路断路器 QF_2，为电路工作提供准备条件。

启动时，按下启动按钮 SB_2(3-5)，交流接触器 KM 线圈得电吸合且 KM 辅助常开触点(3-7)与点动按钮 SB_3 的一组常闭触点(5-7)相串联组成自锁,KM 三相主触点闭合,电动机得电运转,拖动设备工作。

停止时,按下停止按钮 SB₁(1-3),交流接触器 KM 线圈断电释放,KM 三相主触点断开,电动机失电停止运转,拖动设备停止工作。

点动时,按下点动按钮 SB₃,SB₃ 的一组常闭触点(5-7)断开,解除自锁,SB₃ 的另一组常开触点(3-5)闭合,交流接触器 KM 线圈得电吸合,KM 三相主触点闭合,电动机得电运转,拖动设备工作;松开点动按钮 SB₃,交流接触器 KM 线圈断电释放,KM 三相主触点断开,电动机失电停止运转,拖动设备停止工作。

2. 常见故障及排除方法

① 按下 SB₂ 启动按钮,交流接触器 KM 线圈吸不住。可能原因是:供电电压低,需要测量并恢复供电电压;交流接触器动、静铁心距离相差太大(但此故障有很大的电磁噪声,应加以区分并分别排除故障),可通过在静铁心下面垫纸片的方式来调整动、静铁心之间的距离,排除相应故障。

② 一合上控制回路断路器 QF₂,交流接触器 KM 线圈就吸合。此时可用一只手按下停止按钮 SB₁ 不放,再用另一只手轻轻按住点动按钮 SB₃(注意不要用力按到底),再将停止按钮 SB₁ 松开。若此时交流接触器线圈不吸合,再将点动按钮 SB₃ 松开;若交流接触器 KM 线圈吸合了,此故障为 SB₃ 点动按钮接线错误。最常见的是 SB₃ 的一组常闭触点本应与 KM 辅助常开自锁触点相串联再并联在 SB₂ 按钮开关上,而上述故障出现时 SB₃ 的一组常闭触点、KM 辅助常开自锁触点及 SB₃ 常开触点、SB₂ 常开触点全部并联起来了。由于 SB₃ 常闭触点的作用,一送电,交流接触器 KM 线圈回路就得电工作。应断开控制回路断路器 QF₂,对照图纸恢复接线,排除故障。

1.6 只有接触器辅助常闭触点互锁的可逆点动控制电路维修技巧

1. 工作原理

正反转(又称为可逆)电路实际上就是利用两只交流接触器来分别控制电动机完成正转或反转运行,但必须保证两只交流接触器线圈不能同时吸合。这里谈到的另一个技术术语就叫互锁(又称为联锁),也就是说,不管采用什么互锁方式,最终保证两只交流接触器一只工作而另一只停止,这就是互锁的作用。

图1.9所示为只有交流接触器辅助常闭触点互锁的可逆点动控制电路。从主回路看,通过交流接触器 KM_1 三相主触点直接将三相电源 L_1、L_2、L_3 与电动机 U_1、V_1、W_1 连接,电动机正转运行(三相电源正转时相序为 L_1、L_2、L_3 或 L_3、L_1、L_2 或 L_2、L_3、L_1);反转时交流接触器 KM_2 三相主触点将 L_1 与 L_3 相调换,也就是电工行话中所讲的"倒相了",实际上三相电源相序改变了,那么电源改变为 L_3、L_2、L_1 与电动机 U_1、V_1、W_1 连接,电动机反转运行(三相电源反转时相序为 L_1、L_3、L_2 或 L_2、L_1、L_3 或 L_3、L_2、L_1),从而完成正反转切换。

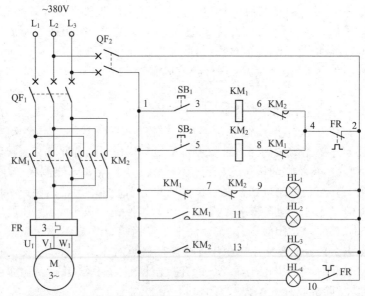

图1.9 只有接触器辅助常闭触点互锁的可逆点动控制电路

从控制电路看,本电路只有一种互锁方式,即交流接触器辅助常闭触点互锁,互锁程度不高,可以应用。此电路实际上就是在两个接触器线圈回路中各自串联一个对方的常闭触点进行互锁保护。

合上主回路断路器 QF_1、控制回路断路器 QF_2,电源指示灯 HL_1 亮,说明电源正常。

正转点动时,按下正转点动按钮 SB_1,正转交流接触器 KM_1 线圈得电吸合,首先 KM_1 串联在反转交流接触器线圈回路中的常闭辅助触点断开(保证 KM_1 工作时,KM_2 线圈不能得电),起到互锁作用,同时正转交流接触器 KM_1 三相主触点闭合,接通电动机电源,电动机正转运行,同时

指示灯 HL_1 灭、HL_2 亮,说明电动机正转运行;松开正转点动按钮 SB_1,正转交流接触器 KM_1 线圈断电释放,其三相主触点断开,电动机失电停止工作,同时指示灯 HL_2 灭、HL_1 亮,说明电动机停止运转了。

反转点动时,按下反转点动按钮 SB_2,反转交流接触器 KM_2 线圈得电吸合,首先 KM_2 串联在正转交流接触器线圈回路中的常闭辅助触点断开(保证 KM_2 工作时,KM_1 线圈不能得电),起到互锁作用,同时反转交流接触器 KM_2 三相主触点闭合,接通电动机电源,电动机反转运行,同时指示灯 HL_1 灭、HL_3 亮,说明电动机反转运转;松开反转点动按钮 SB_2,反转交流接触器 KM_2 线圈断电释放,其三相主触点断开,电动机失电停止工作,同时指示灯 HL_3 灭、HL_1 亮,说明电动机停止运转了。

2. 常见故障及排除方法

① 按下正转点动按钮 SB_1,交流接触器 KM_1 线圈不吸合,无反应。此故障的原因包括:交流接触器 KM_1 线圈断路或连线脱落;互锁触点 KM_2 损坏开路或接触不良;正转点动按钮 SB_1 接触不良或损坏;热继电器常闭触点 FR 损坏(可以通过按下反转点动按钮 SB_2 来测试 FR 是否正常,若按下 SB_2 时,交流接触器 KM_2 线圈吸合动作,则说明 FR 无问题;若按下 SB_2 时 KM_2 线圈无反应,FR 损坏的可能性最大,可采用短接法将 FR 常闭触点短接后再试之)。上述故障可根据故障原因自行分析并加以排除。

如果按下反转点动按钮 SB_2 无反应,可参照上述情况进行检查维修。

② 按下正转点动按钮 SB_1 或按下反转点动按钮 SB_2 时,各自的交流接触器不能可靠吸合,跳动不止。此故障的原因是互锁触点接错了,如图 1.10 所示。正确接法是将各自的辅助常闭触点串联在对方线圈回路中,遇到此故障时,可根据电路图恢复正确接线。

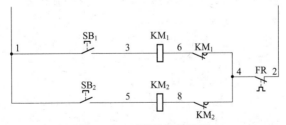

图 1.10　互锁触点接错了

③ 无论按下正转点动按钮 SB_1 还是反转点动按钮 SB_2,电动机运转方向均为正转。此故障的原因是反转交流接触器 KM_2 未倒相,将 KM_2 三相电源两相任意调换,即可实现反转。

1.7 只有按钮互锁的可逆点动控制电路维修技巧

1. 工作原理

图 1.11 所示为只有按钮互锁的可逆点动控制电路。合上主回路断路器 QF_1、控制回路断路器 QF_2，指示灯 HL_1 亮，说明电路电源正常。

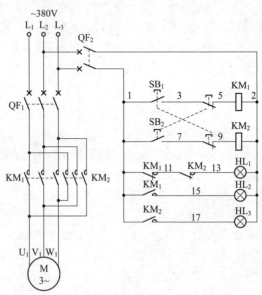

图 1.11 只有按钮互锁的可逆点动控制电路

正转点动时，按下正转点动按钮 SB_1，SB_1 串联在对方反转交流接触器 KM_2 线圈回路中作为互锁保护的常闭触点先断开，切断了反转接触器 KM_2 线圈回路电源，使其不能得电吸合（起到互锁保护作用），另外 SB_1 另一组常开触点再闭合（无论按钮开关还是交流接触器，中间继电器触点动作时均为先断开常闭触点，然后再闭合常开触点），此时交流接触器 KM_1 线圈得电吸合，其三相主触点闭合，电动机得电正转工作；同时指示灯 HL_1 灭、HL_2 亮，说明电动机正转运转了。松开 SB_1，KM_1 线圈失电释放，其主触点断开，电动机失电停止转动，同时指示灯 HL_2 灭、HL_1 亮，说明电动机停止运转了。反转点动时，按下反转点动按钮 SB_2，SB_2 串联在对方正转交流接触器 KM_1 线圈回路中作为互锁保护的常闭触点先断开，切断了正转接触器 KM_1 线圈回路电源，使其不能得电吸合（起到互锁保护作用），另外 SB_2 另一组常开触点再闭合，此时交流接触器 KM_2 线圈得电吸合,其三相主触点闭合(该交流接触器已倒相,即相序改变了),电动机得电反转工作,同时指示灯 HL_1 灭、HL_3 亮,说明电动机反转运转了;松开 SB_2,KM_2 线圈失电释放,其主触点断开,电动机失电停止转动,同时指示灯 HL_3 灭、HL_1 亮,说明电动机停止运转了。

按住按钮 SB_1 或 SB_2 的时间,就是电动机正转、反转运转的时间。

注意:该电路中若任意一只交流接触器主触点熔焊,在误按下按钮时另一只交流接触器也会吸合,从而造成两相电源短路,请读者在应用中加以注意,确保安全。

2. 常见故障及排除方法

① 出现相间短路问题。该电路存在的最大安全隐患是,在任何一只交流接触器[无论是正转(KM_1)还是反转(KM_2)]出现主触点熔焊或延时释放问题时,操作相反转向按钮,会出现两只交流接触器同时吸合的现象,从而造成短路事故发生。解决方法是尽量减少点动操作频率,以防止主触点熔焊。另外,对于交流接触器延时释放问题,可经常对交流接触器的动、静铁心极面进行检查,以防有油污而造成上述问题。

注意:交流接触器出现自身机械卡住故障时,也会出现上述问题,请读者留意。

② 按下正转点动按钮 SB_1 或反转点动按钮 SB_2,电动机均发出嗡嗡声但不运转。此故障为电源缺相。通过电路分析可知正转接触器 KM_1、反转接触器 KM_2 两只交流接触器同时出现缺相的可能性不大,应重点检查电源进线 L_1、L_2、L_3,主回路断路器 QF_1,以及两只交流接触器下端至电动机公共部分是否有缺相现象,并加以排除。

③ 按下正转点动按钮 SB_1,工作正常;按下反转点动按钮 SB_2 无反应。可能的故障原因有 4 个:一是 SB_2 反转点动按钮损坏或接触不良;二是 SB_1 互锁常闭触点开路或接触不良;三是交流接触器 KM_2 线圈断路;四是与上述器件相关的连线有脱落现象。

④ 新安装的电路,试车过程中长时间按住正转点动按钮 SB_1,交流接触器线圈冒烟烧毁。其故障原因可能是新安装的交流接触器 KM_1 线圈电压与电源电压不符,经检查证实是将一只线圈电压为 220V 的交流接触器用于 380V 电源上了。更换一只线圈电压为 380V 的同型号接触器即可解决。

⑤ 按下正转点动按钮 SB_1 或反转点动按钮 SB_2,两只正反转交流接触器 KM_1、KM_2 线圈均同时吸合,造成主回路相间短路,使断路器 QF_1 动作跳闸。此故障原因一般为按钮线 $5^\#$、$9^\#$ 两根导线短路或连线搭接,

如图 1.12 中虚线所示。

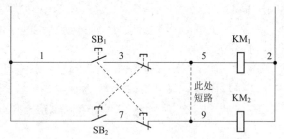

图 1.12　按钮线 5# 、9# 短路或连线搭接

1.8 两台电动机联锁控制电路维修技巧(一)

1. 工作原理

图 1.13 所示电路为两台电动机联锁控制电路(一)。

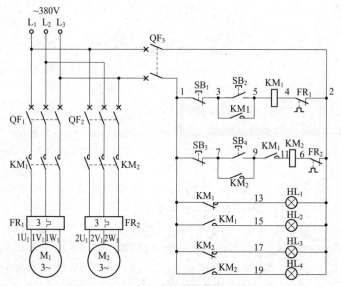

图 1.13　两台电动机联锁控制电路(一)

启动时,必须先按下启动按钮 SB_2(若不按下 SB_2 而直接按下 SB_4 则操作无效),交流接触器 KM_1 线圈得电吸合且自锁,其三相主触点闭合,电动机 M_1 得电运转工作,同时交流接触器 KM_1 串联在 KM_2 线圈回路

中的辅助常开触点闭合,为 KM₂ 工作提供准备条件(实际上就是利用 KM₁ 的这个辅助常开触点来完成顺序启动);再按下启动按钮 SB₄,此时交流接触器 KM₂ 线圈也吸合且自锁,其三相主触点闭合,电动机 M₂ 得电运转工作。

停止有以下两种方式:

① 按顺序停止。先按下 SB₃,停止交流接触器 KM₂,使电动机 M₂ 先停止;再按下 SB₁,停止交流接触器 KM₁,从而停止电动机 M₁。

② 同时停止。停止时直接按下 SB₁,交流接触器 KM₁、KM₂ 线圈同时失电释放,各自的三相主触点均断开,两台电动机 M₁、M₂ 同时断电停止工作。

2. 常见故障及排除方法

① 电动机 M₁ 未运转,按下启动按钮 SB₄,电动机 M₂ 启动运转。此故障可能是交流接触器 KM₁ 串联在 KM₂ 线圈回路中的辅助常开触点损坏断不开或根本没接。此时观察配电盘内的交流接触器,若 KM₁、KM₂ 均吸合,则说明 KM₁ 主回路有故障或电动机 M₁ 主回路断路器 QF₁ 动作跳闸了;若 KM₁ 未吸合、KM₂ 吸合了,则说明故障在 KM₁ 辅助常开触点上或根本未接上。

② 按下启动按钮 SB₂,交流接触器 KM₁ 能吸合不能自锁,即按下 SB₂ 成点动状态了。此故障原因主要是交流接触器 KM₁ 自锁回路有故障,如自锁触点损坏或自锁线脱落。

③ 按下电动机 M₁ 启动按钮 SB₂,KM₁、KM₂ 同时吸合,两台电动机 M₁、M₂ 同时得电运转;按下停止按钮 SB₁,电动机 M₁、M₂ 同时停止运转。此故障主要原因是 5# 线与 9# 线碰线短路,如图 1.14 所示。

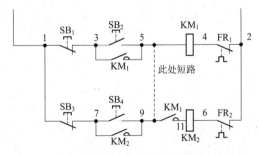

图 1.14 5# 线与 9# 线碰线短路

④ 按下电动机 M₂ 停止按钮 SB₃,电动机 M₂ 不能停止,按下 SB₁,电动机 M₁、M₂ 同时停止。此故障原因可能是电动机 M₂ 停止按钮 SB₁ 损

坏短路,不能断开 KM_2 线圈回路电源,电动机 M_2 不能停止工作。另外,若 5# 线与 9# 线短路碰线也会出现上述现象。

⑤ 按下任何按钮开关均无反应。此故障与 KM_1 线圈回路有关,如 SB_1、KM_1 线圈、FR 热继电器常闭触点、SB_2 等,若上述元件有问题,则 KM_1 线圈不能得电吸合,同样 KM_2 因 KM_1 联锁常开触点的作用而失效。检查上述器件,并加以排除。

⑥ 按住 SB_3 很长时间 KM_2 才断电释放,电动机 M_2 才停止运转。此故障原因可能是交流接触器 KM_2 铁心极面有油污,造成交流接触器延时释放,解决此故障的方法很简单,只要将此交流接触器拆开,用细砂纸或干布将其动、静铁心极面处理干净即可。

1.9 两台电动机联锁控制电路维修技巧(二)

1. 工作原理

图 1.15 所示是两台电动机联锁控制电路(二),图中 M_1 为吸风电动机,M_2 为主机电动机。

启动时,必须先按下吸风机启动按钮 SB_2(若直接操作 SB_4 则无效),

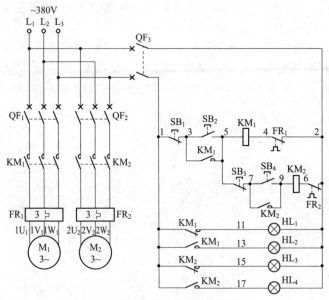

图 1.15 两台电动机联锁控制电路(二)

交流接触器 KM_1 线圈得电吸合且自锁,因主机控制电路是接在 KM_1 自锁常开触点之后,若操作 KM_2 则必须在 KM_1 辅助常开触点自锁后方可进行,也就是说,必须按顺序先启动电动机 M_1,此时可进行主机控制操作,按下主机启动按钮 SB_4,交流接触器 KM_2 线圈得电吸合且自锁,其三相主触点闭合,主机电动机 M_2 得电运转工作。

停止时,有以下两种方式:

① 先停止电动机 M_2 后,再停止吸风电动机 M_1,也就是说,必须先按下主机电动机停止按钮 SB_3 后,再按下吸风电动机停止按钮 SB_1,这样,停止时先停止主机电动机 M_2,再停止吸风电动机 M_1,停止顺序与启动顺序相反。

② 直接按下停止按钮 SB_1,此时,两台电动机都停止工作。

2. 常见故障及排除方法

① 控制回路断路器 QF_3 合不上。其主要原因包括断路器自身有问题,此时可观察断路器 QF_3,若合闸无电火花出现且合不上或将下端负载线拆下后还不能闭合,则为断路器自身损坏;断路器 QF_3 下端有相间短路或接地现象,用万用表查找故障点并恢复供电。

② 每次按下 SB_4 时断路器 QF_3 都跳闸。其故障原因包括交流接触器 KM_2 线圈烧毁短路,解决方法为更换新线圈;按钮开关 SB_4 接地或此按钮连线接到电源上了,解决方法是找出故障点,恢复正常。

③ 按下 SB_2 后为点动状态。此故障为 KM_1 自锁回路有故障,通常为 KM_1 自锁触点损坏或自锁线脱落所致,用万用表查出故障点并恢复即可。

④ 按下停止按钮 SB_1,电动机 M_1 能停止,但电动机 M_2 仍运转;按下 SB_1 时观察交流接触器 KM_1 无通断现象。此故障可通过断开控制回路断路器 QF_3 来检查,若断开断路器 QF_3 后故障依旧,则为交流接触器 KM_2 主触点熔焊或其动、静铁心极面有油污造成延时释放,更换交流接触器 KM_2 即可解决。

⑤ 按下启动按钮 SB_4,交流接触器 KM_1 线圈得电吸合,按下启动按钮 SB_2,KM_2 线圈得电吸合。此故障为接线错误,即 KM_1、KM_2 启动控制线接反了。解决方法是找出相应的启动控制线,并分别连接至各自的 KM_1、KM_2 线圈上即可。

⑥ 按下启动按钮 SB_2、SB_4,两台电动机 M_1、M_2 都不转只是嗡嗡响。此故障为电源 L_2 回路至电动机绕组断路。若交流接触器 KM_1、KM_2 线圈能正常吸合,则说明电源 L_1、L_3 有 380V 电压,即 L_1、L_3 的相正常;按

常规两只接触器同时出现主触点缺相的可能性不大,所以基本上可以断定是电源 L_2 缺相,可以用测电笔或万用表检查并排除。

⑦ 电动机 M_2 运转时 QF_2 经常跳闸而停止工作。用钳形电流表测量电动机电流正常不过载,检查热继电器 FR_2 设置电流,显示低于电动机额定电流。解决方法是重新将热继电器电流刻度旋钮设置正确即可。

1.10 采用安全电压控制电动机启停电路维修技巧

1. 工作原理

图 1.16 所示电路采用降压变压器 T 将 220V 电压降为 36V 安全电压进行低压操作控制。

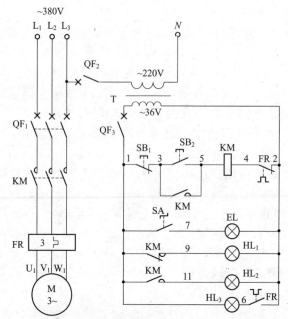

图 1.16 采用安全电压控制电动机启停电路

启动时,按下启动按钮 SB_2 ,36V 交流接触器 KM 线圈得电吸合且自锁,其三相主触点闭合,电动机得电正常运转;停止时,按下停止按钮 SB_1 即可。

2. 常见故障及排除方法

① 控制变压器冒烟。此故障为变压器过载或二次回路短路所致,通常造成上述故障的原因是照明灯灯头处短路。

② 照明灯亮,按下启动按钮 SB$_2$ 无反应。说明控制变压器 T 二次电压正常,其故障原因为启动按钮 SB$_2$ 接触不良或损坏;停止按钮 SB$_1$ 接触不良或损坏;交流接触器 KM 线圈断路;热继电器 FR 常闭触点过载动作或损坏。

③ 按下启动按钮 SB$_2$ 后,电动机为点动运转。此故障为交流接触器 KM 自锁触点损坏或自锁线脱落而致,用万用表检查出故障点并将其恢复。按下启动按钮 SB$_1$,交流接触器 KM 线圈不释放。此故障分为两类:第一类为控制线路故障,一般是停止按钮 SB$_1$ 短路断不开所致,遇到此故障最好通过断路器 QF$_2$ 进行确定,若将 QF$_2$ 断开,交流接触器 KM 线圈断电释放,再合上 QF$_2$,交流接触器 KM 线圈又得电吸合,则说明是按钮开关 SB$_1$ 短路或左端电源线碰到交流接触器线圈启动线;若将 QF$_2$ 断开,交流接触器 KM 不释放,则说明故障为第二类,即交流接触器自身故障,如三相主触点熔焊或动、静铁心极面油污造成其延时缓慢释放。

④ 按住启动按钮 SB$_2$ 不放,交流接触器 KM 吸合不住、跳动不止。此故障为交流接触器 KM 铁心上的短路环损坏所致,遇到此种故障,最好更换一只新的交流接触器。

⑤ 合上照明灯转换开关 SA,照明灯不亮。其原因为 SA 损坏;灯泡灯丝烧断;灯口处接触不良。可根据具体情况检查故障并排除。

1.11 自动往返循环控制电路维修技巧(一)

1. 工作原理

自动往返循环控制电路(一)如图 1.17 所示。合上断路器 QF$_1$、QF$_2$,停止兼电源指示灯 HL$_1$ 亮,说明电源正常。

在电路工作过程中可任意按下正转启动按钮 SB$_2$,交流接触器 KM$_1$ 线圈得电吸合自锁,其三相主触点闭合,电动机得电正转启动运转,此时通过机械传动装置来拖动工作台向左边缓慢移动,同时指示灯 HL$_1$ 灭、HL$_2$ 亮,说明电动机正转运转了。当工作台上的位置挡铁碰触到行程开关 SQ$_1$(此行程开关固定在工作台上)时,行程开关 SQ$_1$ 串联在 KM$_1$

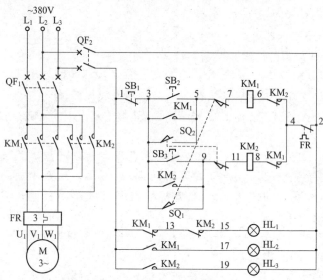

图 1.17 自动往返循环控制电路(一)

线圈回路中的一组常闭触点断开,交流接触器 KM$_1$ 线圈失电释放,其三相主触点断开,电动机断电停止运转,同时指示灯 HL$_2$ 灭、HL$_1$ 亮,说明电动机停止运转了。与此同时,行程开关 SQ$_1$ 并联在反转启动回路中的一组常开触点闭合,使反转交流接触器 KM$_2$ 线圈得电吸合且自锁工作,其三相主触点闭合,电动机得电反转运转,拖动工作台向右缓慢移动,同时指示灯 HL$_1$ 灭、HL$_3$ 亮,说明电动机反转运转了,此时行程开关 SQ$_1$ 复位,为下次转换做准备工作。当工作台移动到设定位置时,挡铁碰触到行程开关 SQ$_2$,使其串联在 KM$_2$ 线圈回路中的一组常闭触点断开,切断了反转交流接触器线圈回路电源,使 KM$_2$ 线圈断电释放,其三相主触点断开,电动机失电反转停止工作,同时指示灯 HL$_3$ 灭、HL$_1$ 亮,说明电动机停止运转了。与此同时,行程开关 SQ$_2$ 另一组并联在正转交流接触器 KM$_1$ 线圈回路中的常开触点闭合,将交流接触器 KM$_1$ 线圈回路接通工作,其三相主触点闭合,电动机又得电正转工作了,此时指示灯 HL$_1$ 灭、HL$_2$ 亮,说明电动机又正转运转了。如此往复循环下去直至工作完毕,需人为地按下停止按钮 SB$_1$ 方可停止工作。

特别提醒:千万不要随意改变此类电路的电源相序,有时搬迁设备后任意连接三相电源,出现相序错误,很可能使得行程开关失控,造成不必要的损失。

2.常见故障及排除方法

① 正转运转正常,当工作台位置挡铁碰到行程开关 SB_1 时,正转交流接触器 KM_1 线圈不能断电释放,导致不能停机。此故障除交流接触器自身故障外,主要原因是行程开关 SB_1 损坏所致。

② 正转运转正常,当工作台位置挡铁碰到行程开关 SB_1 时,正转交流接触器 KM_1 线圈断电释放,而反转交流接触器 KM_2 线圈不吸合,电动机无法拖动工作台反向移动。此故障原因包括行程开关 SQ_1 常开触点闭合不了;行程开关 SQ_2 常闭触点断路;反转交流接触器 KM_2 线圈断路;正转交流接触器 KM_1 串联在反转交流接触器 KM_2 线圈回路的互锁触点断路。

③ 正转或反转均无法启动操作(操作回路电源正常)。此故障原因通常为停止按钮 SB_1 断路;热继电器 FR 常闭触点损坏断路。

④ 反转运转到位后,正转移动一下便停止了,不能往复循环下去。此故障通常为正转交流接触器 KM_1 自锁触点损坏所致。

⑤ 正转运转正常,当转换到反转时(交流接触器 KM_2 吸合),电动机嗡嗡响且不转。此故障原因是反转交流接触器 KM_2 主触点有一相闭合不了造成缺相运行,解决方法是修复缺相的主触点。

1.12 自动往返循环控制电路维修技巧(二)

1.工作原理

自动往返循环控制电路(二)如图 1.18 所示。首先合上主回路断路器 QF_1、控制回路断路器 QF_2,为电路工作提供准备条件。

正转启动时,按下正转启动按钮 $SB_2(7\text{-}9)$,正转交流接触器 KM_1 线圈得电吸合且 KM_1 辅助常开触点(7-9)闭合自锁,KM_1 三相主触点闭合,电动机得电正转运转,拖动工作台向左移动。

正转停止时,按下停止按钮 $SB_1(1\text{-}3)$,正转交流接触器 KM_1 线圈断电释放,KM_1 三相主触点断开,电动机失电停止运转,拖动工作台向左移动停止。

反转启动时,按下反转启动按钮 $SB_3(7\text{-}13)$,反转交流接触器 KM_2 线圈得电吸合且 KM_2 辅助常开触点(7-13)闭合自锁,KM_2 三相主触点闭合,电动机得电反转运转,拖动工作台向右移动。

反转停止时,按下停止按钮 $SB_1(1\text{-}3)$,反转交流接触器 KM_2 线圈断

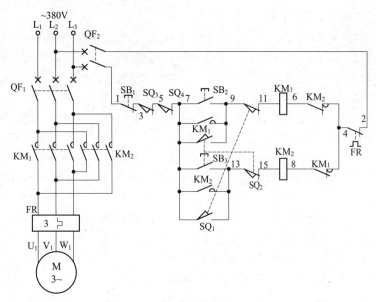

图 1.18　自动往返循环控制电路(二)

电释放,KM₂ 三相主触点断开,电动机失电停止运转,拖动工作台向右移动。

自动往返控制时,按下正转启动按钮 SB₂(7-9),正转交流接触器 KM₁ 线圈得电吸合且 KM₁ 辅助常开触点(7-9)闭合自锁,KM₁ 三相主触点闭合,电动机得电正转运转,拖动工作台向左移动;当工作台向左移动到位时,碰块触及左端行程开关 SQ₁,SQ₁ 的一组常闭触点(9-11)断开,切断正转交流接触器 KM₁ 线圈回路电源,KM₁ 三相主触点断开,电动机失电正转停止运转,工作台向左移动停止;与此同时,SQ₁ 的另外一组常开触点(7-13)闭合,接通了反转交流接触器 KM₂ 线圈回路电源,KM₂ 线圈得电吸合且 KM₂ 辅助常开触点(7-13)闭合自锁,KM₂ 三相主触点闭合,电动机得电反转运转,拖动工作台向右移动(当碰块离开行程开关 SQ₁ 后,SQ₁ 恢复原始状态)。当工作台向右移动到位时,碰块触及右端行程开关 SQ₂,SQ₂ 的一组常闭触点(13-15)断开,切断反转交流接触器 KM₂ 线圈回路电源,KM₂ 线圈断电释放,KM₂ 三相主触点断开,电动机失电反转停止运转,工作台向右移动停止;与此同时,SQ₂ 的另外一组常开触点(7-9)闭合,接通了正转交流接触器 KM₁ 线圈回路电源,KM₁ 线圈得电吸合且 KM₁ 辅助常开触点(7-9)闭合自锁,KM₁ 三相主触点闭合,电动机又得电正转运转了,拖动工作台向左移动(当碰块离开行程开

关 SQ_2 后,SQ_2 恢复原始状态)……如此这般循环下去。图 1.18 中行程开关 SQ_3 为左端极限行程开关,SQ_4 为右端极限行程开关。

2. 常见故障及排除方法

① 正转工作时(交流接触器 KM_1 线圈吸合工作),工作台向左移动到位时不停止运转也不换向,工作台移动至终端极限时才停止。此故障是行程开关 SQ_1 损坏或挡铁碰不到行程开关 SQ_1 所致。检查行程开关 SQ_1 及重调挡铁即可解决。

② 正转工作时(交流接触器 KM_1 线圈吸合工作),工作台向左移动到位不停止运转也不换向,工作台直冲至终端不停机而造成事故。此故障的主要原因是:挡铁松动碰不到行程开关 SQ_1、SQ_3;正转交流接触器 KM_1 铁心极面有油污而造成延时释放;正转交流接触器 KM_1 机械部分卡住;正转交流接触器 KM_1 触点粘连。按故障原因检查故障部位及器件,更换并修复。

1.13　短暂停电自动再启动电路维修技巧(一)

1. 工作原理

短暂停电自动再启动电路(一)如图 1.19 所示。

启动时,按下启动按钮 SB,交流接触器 KM 线圈得电吸合,KM 并联在失电延时继电器 KT 线圈回路中的辅助常开触点闭合,失电延时继电器 KT 线圈得电吸合,且 KT 失电延时断开的常开触点瞬时闭合,KT 线圈自锁工作,此 KT 失电延时继电器延时断开常开触点的作用就是在电网出现短暂停电后又恢复供电时(实际上是在 KT 的延时范围内,KT 未延时完毕电网又恢复供电)通过此触点而自动再启动,同时 KT 不延时瞬动常开触点闭合,将交流接触器 KM 线圈回路自锁起来,KM 三相主触点闭合,接通电动机电源,电动机启动运转。

倘若此时出现短暂停电,则交流接触器 KM、失电延时继电器 KT 线圈均断电释放,KT 延时断开的常开触点开始延时断开(此时间可根据工艺要求设定,在此时间内恢复供电,电动机自动再启动,若停电时间超过此时间则只能通过人为操作进行再启动),若在延时范围内电网恢复供电,由于 KT 延时断开的常开触点仍处于闭合状态,因此失电延时继电器 KT 线圈又得电吸合且自锁,KT 不延时常开触点也闭合,交流接触器 KM 线圈也接通工作,KM 三相主触点闭合,电动机又重新恢复运转,从

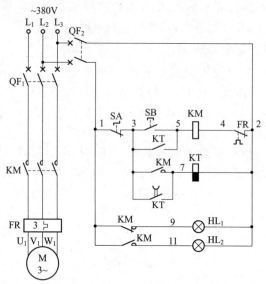

图 1.19 短暂停电自动再启动电路(一)

而完成短暂停电后自动再启动。

停止时,将转换开关 SA 关断即可。需要注意的是,在人为关断转换开关 SA 时,由于 KT 线圈失电并开始延时,在设定时间内不要将转换开关 SA 打开,否则会出现自动启动问题。

2. 常见故障与排除方法

① 按下启动按钮 SB,电动机为点动运行状态,无自锁。除相关连线脱落外,有三种故障可造成上述现象:一是按下启动按钮 SB,KM 线圈得电吸合,失电延时时间继电器 KT 线圈也得电吸合且 KT 能自锁,若 KM 不能自锁,则判断为 KT 并联在 SB 启动按钮上的瞬动常开触点损坏;二是按下启动按钮 SB,KM 线圈得电吸合,而失电延时时间继电器 KT 线圈不动作,则判断为 KT 线圈损坏或 KM 辅助常开触点损坏(也可能是 KT 线圈与 KM 辅助常开触点均损坏);三是按下启动按钮 SB、KM、KT 线圈均得电吸合,松开启动按钮 SB 后两者均同时释放,则判断为 KT 失电延时断开的常开触点损坏。

② 合上断路器 QF₂,未按下启动按钮 SB,KM 立即吸合(注意,连线无误,而且 KT 未动作前),此故障为 KT 不延时、瞬动触点熔焊或断不开所致。

③ 在停止转换开关 SA 断开电路很长时间(已超出了 KT 的延时设

置时间)后,再接通停止转换开关 SA,无需按下启动按钮 SB,电动机自动启动运转。此故障有可能是以下原因所致:SB 短路、KT 瞬动常开触点断不开、KM 辅助常开触点断不开、KT 延时断开的常开触点断不开。通常最常见的故障是 KT 延时断开的常开触点失控。

1.14 短暂停电自动再启动电路维修技巧(二)

1. 工作原理

短暂停电自动再启动电路(二)如图 1.20 所示。首先合上主回路断路器 QF_1、控制回路断路器 QF_2,为电路工作提供准备条件。

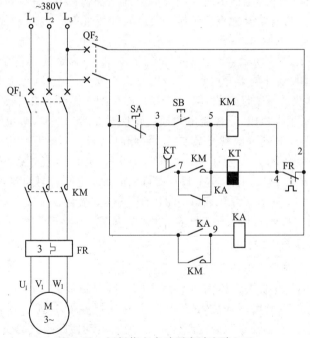

图 1.20 短暂停电自动再启动电路(二)

正常工作时,按下启动按钮 SB(3-5),交流接触器 KM、失电延时时间继电器 KT 线圈同时吸合且 KT 失电延时断开的常开触点(3-7)瞬时闭合,与同时闭合的 KM 辅助常开触点(5-7)共同组成自锁,KM 辅助常开触点(1-9)闭合,使中间继电器 KA 线圈得电吸合且 KA 常开触点(1-9)闭合自锁,为停电恢复供电做准备。实际上当按下启动按钮 SB(3-5)时,

KM、KT、KA 三只线圈均得电工作,其 KM 三相主触点闭合,电动机得电运转工作。当需正常停止时,则将转换开关 SA(1-3)旋至断开位置,此时,交流接触器 KM、失电延时时间继电器 KT 线圈均断电释放,KM 三相主触点断开,电动机失电停止运转。虽然控制回路 KM、KT 线圈断电释放,但由于中间继电器 KA 线圈仍吸合不释放,其并联在交流接触器 KM 自锁触点上的常闭触点(5-7)一直处于常开状态(在不断电状态下),使 KM、KT 能正常工作,不会出现任何不安全因素,达到理想的控制目的。

控制回路的电动机启动后,交流接触器 KM、中间继电器 KA、失电延时时间继电器 KT 线圈均得电吸合且 KT 失电延时断开的常开触点(3-7)瞬时闭合,与同时闭合的 KM 辅助常开触点(5-7)共同自锁 KM、KT 线圈,而中间继电器 KA 线圈在 KM 辅助常开触点(1-9)的作用下动作吸合,KA 自身常开触点(1-9)闭合自锁,如果此时出现断电现象(非人为操作停机),KM、KT、KA 均断电释放,KA 并联在 KM 辅助常开自锁触点(5-7)上的常闭触点(5-7)恢复常闭,为再启动提供启动条件,同时KT 失电延时断开的常开触点(3-7)延时恢复常开状态,在 KT 延时恢复过程中(也就是 KT 设定的延时时间内,即生产工艺所要求的延时时间)电网又恢复正常供电,则控制电源通过转换开关 SA(1-3)、失电延时时间继电器 KT 延时断开的常开触点(3-7)(此时仍闭合未断开)、中间继电器 KA 常闭触点(5-7)、失电延时时间继电器 KT 线圈、热继电器 FR 常闭触点(2-4)至电源形成回路,KM、KT 线圈又重新得电吸合且自锁,同时 KA 线圈也在 KM 辅助常开触点(1-9)的作用下得电吸合且 KA 常开触点(1-9)闭合自锁,KM 三相主触点闭合,电动机重新启动运转工作。

2. 常见故障及排除方法

① 不能进行停电再来电自启动。可能原因是中间继电器 KA 触点熔焊或中间继电器铁心极面有油污造成其延时释放。从图 1.21 可以看出,中间继电器 KA 不释放,KA 并联在交流接触器 KM 自锁常开触点(5-7)上的常闭触点(5-7)处于断开状态,使自启动回路断路。

另外一个原因是 KT 设置时间极短,可将延时时间根据需要适当延长一些。这种故障与上述故障很容易区分,主要观察中间继电器 KA 的动作情况,这里不再介绍,请读者自行分析。

② 电动机为点动运转。可能是 KT 延时断开的常开触点(3-7)、KM 辅助常开自锁触点(5-7)有任意一个或两个未闭合或相关自锁回路连线断路所致。用万用表检查即可排除。

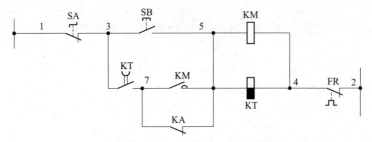

图 1.21 中间继电器 KA 触点熔焊

③ 电路需停止后断开停止按钮 SA(1-3),欲重新启动电动机,无需按 SB(3-5),电动机便能自启动。此故障为中间继电器线圈回路断路所致,检查并排除相关故障。

④ 电动机运转后出现断续工作,即运转一会儿,停一会儿,再运转一会儿,再停一会儿,而运转时间比停的时间长。此故障原因为连线错误并且电动机过载设置在自动复位状态,如图 1.22 所示。

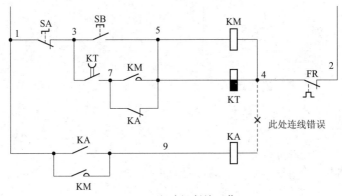

图 1.22 电动机断续工作

按下启动按钮 SB,KM、KT、KA 线圈均得电吸合且分别自锁,倘若此时电动机出现过载(热继电器 FR 复位方式又设定在自动状态),热继电器 FR 动作断开控制回路电源,此时 KT 开始延时,在 KT 延时时间内,热继电器 FR 冷却后常闭触点恢复常闭,KM、KT、KA 线圈重新得电吸合且分别自锁,出现上述现象。检查接线,将错误之处恢复正确即可。

1.15 电动机间歇运行控制电路维修技巧(一)

1. 工作原理

电动机间歇运行控制电路(一)如图1.23所示。合上主回路断路器 QF_1、控制回路断路器 QF_2,电源指示灯 HL_1 亮,说明电源正常。

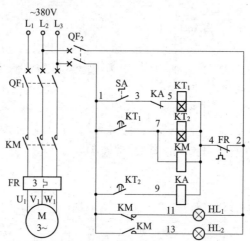

图1.23 电动机间歇运行控制电路(一)

工作时,合上转换开关 SA 后,此时电动机不会启动运转,其原因是时间继电器 KT_1 延时时间未到,仍处于断开状态,交流接触器 KM 线圈得不到控制电源而不能工作。

当到达时间继电器 KT_1 延时时间(设定时间,此时间就是电动机的停止时间,即间歇时间)时,KT_1 延时闭合的常开触点闭合,此时交流接触器 KM 和另一只时间继电器 KT_2 线圈同时得电吸合工作,KM 三相主触点闭合,电动机得电运转,同时指示灯 HL_1 灭、HL_2 亮,说明电动机运转了。

时间继电器 KT_2 又开始延时(此时间就是电动机的运转时间),经 KT_2 延时时间后,KT_2 延时闭合的常开触点闭合,中间继电器 KA 线圈得电吸合,KA 串联在时间继电器 KT_1 线圈回路中的常闭触点断开,切断了时间继电器 KT_1 线圈回路电源,KT_1 线圈断电释放,交流接触器 KM 以及时间继电器 KT_2 线圈均断电释放,中间继电器线圈也因 KT_2 恢复常开而释放,电路恢复原始状态,KM 三相主触点断开,电动机失电停止工作,同时指示灯 HL_2 灭、HL_1 亮,说明电动机停止运转了。

重复上述过程完成间歇运行。

2. 常见故障及排除方法

① 合上控制回路开关 SA 电路无反应。此故障的可能原因是 SA 断路;KA 常闭触点断路;KT₁ 线圈断路;热继电器 FR 常闭触点断路。解决办法是检查断路点并排除。

② 合上控制回路开关 SA 电动机不转,配电盘内只有时间继电器 KT₁ 吸合动作。首先检查 KT₁ 延时时间是否调整得过长;若不过长,用万用表测量 KT₁ 延时闭合的常开触点是否正常,若触点断路,可更换触点。

③ 合上控制回路开关 SA 电动机运转不停,不是间歇运行。观察配电盘内 KT₁、KT₂、KM 线圈吸合,中间继电器 KA 不动作。故障原因可能是 KT₂ 延时闭合的常开触点断路;KT₂ 延时时间调整过长(失控);中间继电器 KA 线圈断路。解决方法是用万用表检查故障点并排除。

④ 合上控制回路开关 SA 电动机运转不停。观察配电盘内 KT₁、KM 线圈吸合,KT₂、KA 不工作。其故障原因可能是 KT₂ 线圈断路所致,用替换法可排除故障。

⑤ 合上控制回路开关 SA 电动机不运转,配电盘内中间继电器 KA 吸合。此故障为 KT₂ 延时常开触点断不开所致。更换 KT₂ 延时常开触点后,电路恢复正常工作。

⑥ 合上控制回路开关 SA 电动机不运转,配电盘内 KT₁、KT₂、KA 工作循环正常,但 KM 线圈不吸合。此故障一般为交流接触器 KM 线圈断路所致,检查更换该线圈即可恢复正常工作。

⑦ 合上控制回路开关 SA 电动机间歇运行,但有时间歇停机时间过长,有一定的规律。应检查 KT₁、KT₂ 设定的延时时间是否符合要求。若符合,一般故障为电动机出现过载使热继电器 FR 常闭触点动作(热继电器复位方式设置为自动复位),或热继电器 FR 电流设定值太小出现频繁跳闸所致。检查故障所在并加以排除。

1.16 电动机间歇运行控制电路维修技巧(二)

1. 工作原理

电动机间歇运行控制电路(二)如图 1.24 所示。

工作时合上控制开关 SA,此时交流接触器 KM、时间继电器 KT₁ 线

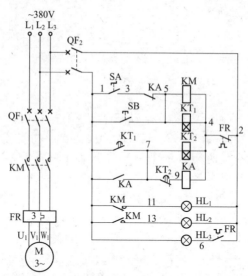

图 1.24 电动机间歇运行控制电路(二)

圈得电吸合工作,KM 三相主触点闭合,电动机得电运转工作。经过一段延时后(即运转时间),KT₁ 延时闭合的常开触点闭合,中间继电器 KA 线圈得电吸合且自锁,切断了交流接触器 KM、时间继电器 KT₁ 线圈回路电源,KM 三相主触点断开,切断了电动机电源,电动机失电停止运转。同时时间继电器 KT₂ 线圈得电吸合并开始延时(其延时时间为电动机停止运转时间),经 KT₂ 延时后,KT₂ 延时断开的常闭触点切断了中间继电器 KA 线圈电源,KA 线圈失电释放,其串联在 KM、KT₁ 线圈回路中的常闭触点恢复原始状态,此时 KM、KT₁ 线圈又得电工作,KM 三相主触点又闭合,电动机再次得电运转了,重复上述过程,从而实现电动机的间歇运转。

本电路与前例电路不同之处在于增设了一只按钮开关 SB,作为点动控制或根据实际要求长时间按下此按钮使电动机不按间歇运行控制工作,即按住 SB 多长时间电动机就运转多长时间。

2. 常见故障及排除方法

① 合上控制开关 SA,电路中只有交流接触器 KM 动作,电动机一直运转不停,不作间歇运行。从电气原理图中可以看出,若只有 KM 得电吸合工作,而时间继电器 KT₁ 线圈未吸合工作,其他电器及动作无法进行,如图 1.25 所示,应重点检查 KT₁ 线圈是否断路。

② 合上控制开关 SA,电路无反应,按下点动按钮 SB,电路动作正

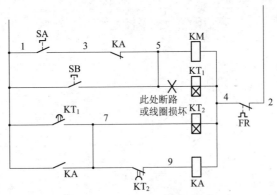

图 1.25 KT₁ 线圈断践或损坏

常。此故障原因很简单,通常为开关 SA 断路或中间继电器 KA 常闭触点断路或两者均有问题。用万用表检查故障点并排除即可。

③ 合上控制开关 SA,KM、KT₁、KT₂ 吸合动作,中间继电器 KA 没有反应不工作,电动机一直运转不停,不能作间歇运行。从电路原理图上可以看出,只有 KT₂ 延时断开的常闭触点接触不良或中间继电器 KA 线圈断路才会出现 KA 不工作、电路不循环的现象。检查故障点并排除即可。

④ 合上控制开关 SA,电路运转延时正常,间歇停止时间极短,严重不对称,也就是说,运转几秒后瞬时停顿又再次运转,再经几秒后瞬时停顿又再次运转。此故障为中间继电器 KA 没有自锁所致,如图 1.26 所示。

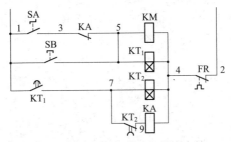

图 1.26 中间继电器 KA 没有自锁

1.17 低速脉动控制电路维修技巧

1. 工作原理

低速脉动控制电路如图 1.27 所示。

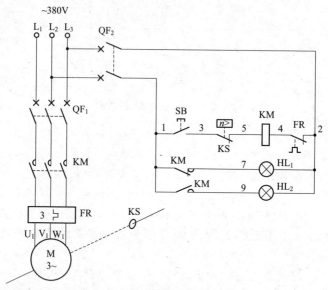

图 1.27　低速脉动控制电路

工作时按下控制按钮 SB,交流接触器 KM 线圈得电吸合,其三相主触点闭合,电动机得电运转。当电动机转速瞬时上升至速度继电器 KS 动作值时(转速大于 120r/min),速度继电器 KS 常闭触点断开,切断了交流接触器 KM 线圈回路电源,交流接触器 KM 线圈断电释放,三相主触点断开,电动机断电停止工作;瞬间电动机转速下降至小于 100r/min 时,速度继电器 KS 常闭触点恢复常闭状态,此时(操作者的手仍按住控制按钮 SB 不放),交流接触器 KM 线圈又重新得电吸合,其三相主触点闭合,电动机再次启动运转起来了,如此重复下去,从而使电动机在通、断、通、断的状态下低速脉动运转,完成低速脉动控制。

2. 常见故障及排除方法

① 按下点动按钮 SB,电动机不工作。检查点动按钮 SB、速度继电器常闭触点 KS、交流接触器 KM、热继电器常闭触点 FR 是否出现断路现象,若有应加以排除。

② 按下点动按钮 SB 不放,电动机持续运转。此故障为速度继电器常闭触点 KS 断不开所致,应更换速度继电器。

③ 按下点动按钮 SB,即按即松,若按下 SB 时间过长,再松开 SB 后电动机不停止,全速工作,此故障通常为交流接触器铁心极面有油污而造成交流接触器出现延时释放现象,遇到此问题,最好更换新品,若无新品,则可将接触器拆开,用干布或细砂纸将接触器动、静铁心极面处理干净即可。

1.18　交流接触器低电压情况下启动电路维修技巧

1.工作原理

交流接触器低电压情况下启动电路如图 1.28 所示。

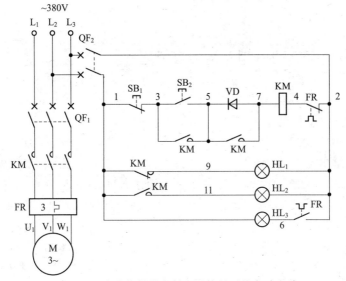

图 1.28　交流接触器在低电压情况下的启动电路

启动时,按下启动按钮 SB$_2$,交流接触器 KM 线圈在整流二极管 VD 的作用下由交流启动改为直流启动交流运行,交流接触器 KM 线圈得电吸合且 KM 两只辅助常开触点闭合,一只起自锁作用(3-5),一只将整流二极管短接起来(5-7),否则交流接触器线圈会因长时间通入直流电源而烧毁。与此同时,KM 三相主触点闭合,电动机得电运转。

停止时,按下停止按钮 SB$_1$ 即可。

因为电路中加入了整流二极管,所以交流接触器线圈通入电流较大,不宜用于操作很频繁的控制场合。电路中整流二极管 VD 的工作电流必须大于交流接触器线圈电流,而反向击穿电压必须大于 700V。

2. 常见故障及排除方法

① 按下启动按钮 SB₂,电路无反应,用螺丝刀顶一下交流接触器 KM 可动部分,KM 能吸合且自锁。此故障原因可能为启动按钮 SB₂ 损坏;整流二极管 VD 断路。用万用表电阻挡测量 SB₂、VD,看哪一个有故障并更换掉即可。

② 按下启动按钮 SB₂,交流接触器不能可靠吸合,电磁噪声很大。此故障原因可能是整流二极管 VD 短路(电源电压低时电磁线圈吸力不足,出现电磁噪声);交流接触器铁心上的短路环损坏。若整流二极管损坏则更换一只相同型号的新品;若交流接触器铁心上的短路环损坏则更换一只同型号的交流接触器。

1.19 顺序自动控制电路维修技巧

1. 工作原理

顺序自动控制电路如图 1.29 所示。

启动时,按下启动按钮 SB₂,得电延时时间继电器 KT₁ 线圈和失电延时时间继电器 KT₂ 线圈同时得电吸合且 KT₁ 自锁。此时,KT₂ 失电延时断开的常开触点闭合,接通了交流接触器 KM₁ 线圈回路电源,交流接触器 KM₁ 线圈得电吸合动作,KM₁ 三相主触点闭合,辅机电动机 M₁ 得电运转工作,经得电延时时间继电器 KT₁ 一段延时后,KT₁ 延时闭合的常开触点闭合,将交流接触器 KM₂ 线圈回路电源接通,KM₂ 三相主触点闭合,主机电动机 M₂ 得电运转工作。从而完成启动时先启动辅机 M₁ 再延时自动启动主机 M₂。

停止时,按下停止按钮 SB₁,得电延时时间继电器 KT₁、失电延时时间继电器 KT₂ 线圈均同时断电释放,KT₁ 得电延时闭合的常开触点瞬时断开,切断交流接触器 KM₂ 线圈回路电源,KM₂ 线圈断电释放,其三相主触点断开,主机电动机 M₂ 断电停止运转,经失电延时时间继电器 KT₂ 一段延时后,KT₂ 失电延时断开的常开触点恢复常开,辅机电动机 M₁ 断电停止运转。从而实现在停止时先停止主机再延时自动停止辅机。

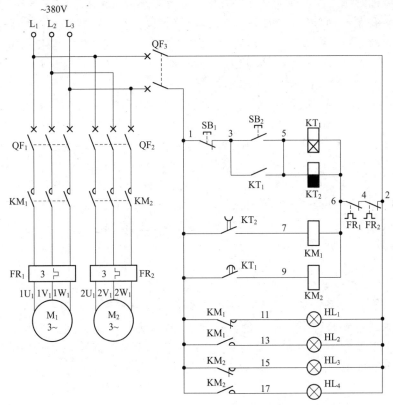

图 1.29 效果理想的顺序自动控制电路

2.常见故障及排除方法

① 只有辅机工作,主机不工作。首先观察配电箱内电气元件的动作情况,若得电延时时间继电器 KT_1 线圈不吸合,则故障为 KT_1 损坏而使延时闭合的常开触点不闭合,造成交流接触器 KM_2 线圈不能得电吸合工作,从而导致主机 M_2 不工作;若得电延时时间继电器 KT_1 线圈得电吸合,则故障为 KT_1 延时闭合的常开触点损坏或交流接触器 KM_2 线圈断路,用万用表测出故障器件并修复即可。

② 合上控制断路器 QF_3,辅机 M_1 不需启动操作就运转,按下停止按钮后无反应。若从控制电路分析,则此故障的原因为失电延时时间继电器 KT_2 的失电延时断开常开触点粘连断不开所致,更换 KT_2 延时触点即可排除故障;若从主回路分析,则此故障的原因为交流接触器 KM_2 主触点粘连;若从器件自身分析,则此故障的原因为机械部分卡住或铁心极

面有油污所致。遇到上述故障时只需更换交流接触器即可。

③ 启动时辅机、主机同时启动，而停止则先停止主机再自动停止辅机。此故障很明显为得电延时时间继电器 KT_1 的延时时间调整得非常短所致，实际上 KT_1 是有延时的，只是看不出来，否则不会出现上述故障。重新调整 KT_1 延时时间故障即可排除。

④ 启动时，辅机立即运转，过一会儿又自动停机，而主机无反应。此故障为得电延时时间继电器 KT_1 线圈断路或 KT_1 自锁触点不闭合所致，因 KT_1 线圈不工作或 KT_1 无自锁，失电延时时间继电器 KT_2 线圈得电吸合后又立即释放，KT_2 延时断开的常开触点立即闭合，交流接触器 KM_1 线圈得电吸合，KM_1 三相主触点闭合，辅机电动机 M_1 得电运转，经 KT_2 延时后，KT_2 延时断开的常开触点断开，交流接触器 KM_1 线圈断电释放，KM_1 三相主触点断开，辅机电动机 M_1 又断电停止运转。更换同型号的 KT_1 后故障即可排除。

⑤ 按下启动按钮 SB_2 后，辅机不工作，而经过一段时间后，主机自动工作；停止时按下停止按钮 SB_1，主机停止工作。此故障为失电延时时间继电器 KT_2 线圈损坏或 KT_2 延时断开的常开触点损坏所致。因为 KT_2 线圈断路或 KT_2 延时断开的常开触点损坏，都会造成交流接触器 KM_1 线圈不吸合，所以辅机电动机不工作。更换同型号的 KT_1 失电延时时间继电器即可排除故障。

1.20 电动机多地控制电路维修技巧

1. 工作原理

图 1.30 所示为五地控制的电动机启动停止电路。

实际上此电路就是最为常见的启停电路，不过是将多只启动按钮（SB_6、SB_7、SB_8、SB_9、SB_{10}）并联起来作为启动按钮，将多只停止按钮（SB_1、SB_2、SB_3、SB_4、SB_5）串联起来作为停止按钮，然后再将 SB_1、SB_6，SB_2、SB_7，SB_3、SB_8，SB_4、SB_9，SB_5、SB_{10} 组合为 5 个启停单元分别设置在不同地方，在每个地方都可以进行启停控制。

启动时，在任何位置按下任何一只启动按钮（SB_6～SB_{10}），交流接触器 KM 线圈都将得电吸合且自锁，KM 三相主触点闭合，电动机得电启动运转。

停止时，任意按下停止按钮 SB_1～SB_5，都将切断交流接触器 KM 线

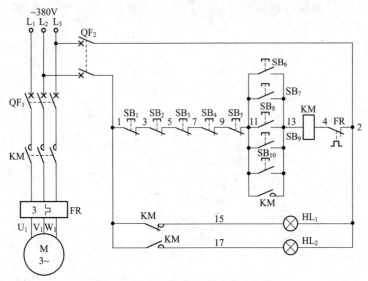

图 1.30 五地控制的启动停止电路

圈回路电源,KM 线圈断电释放,其三相主触点断开,电动机失电停止运转。

2.常见故障及排除方法

① 停止时每个位置都能完成,但有的位置按下启动按钮后电路无反应。此故障的原因很明显,哪个位置无法进行启动操作,哪个位置的启动按钮就损坏了。更换无法操作的按钮开关,电路即可恢复正常。

② 按下任意启动按钮均无效(控制电源正常)。出现此故障应重点检查停止按钮 $SB_1 \sim SB_5$ 是否断路;交流接触器 KM 线圈是否断路;热继电器 FR 常闭触点是否断路。对上述故障部位进行检查即可找出故障点并排除故障。

1.21 多台电动机同时启动控制电路维修技巧

1.工作原理

图 1.31 所示为多台电动机可预选启动控制电路。图中复合预选开关 SA_1、SA_2、SA_3、SA_4 能分别对电动机 M_1、M_2、M_3、M_4 进行单机或联机组合控制。

复合预选开关 SA_1 断开,交流接触器 KM_2、KM_3、KM_4 动作,电动机

M_2、M_3、M_4 运转,同时指示灯 HL_3、HL_4、HL_5 亮,说明电动机 M_2、M_3、M_4 运转了。

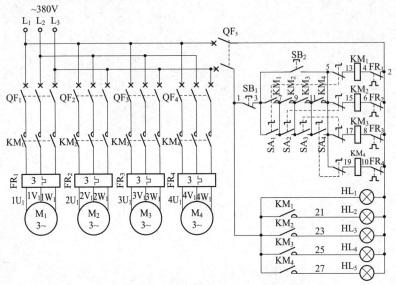

图 1.31　多台电动机可预选启动控制电路

复合预选开关 SA_2 断开,交流接触器 KM_1、KM_3、KM_4 动作,电动机 M_1、M_3、M_4 运转,同时指示灯 HL_2、HL_4、HL_5 亮,说明电动机 M_1、M_3、M_4 运转了。

复合预选开关 SA_3 断开,交流接触器 KM_1、KM_2、KM_4 动作,电动机 M_1、M_2、M_4 运转,同时指示灯 HL_2、HL_3、HL_5 亮,说明电动机 M_1、M_2、M_4 运转了。

复合预选开关 SA_4 断开,交流接触器 KM_1、KM_2、KM_3 动作,电动机 M_1、M_2、M_3 运转,同时指示灯 HL_2、HL_3、HL_4 亮,说明电动机 M_1、M_2、M_3 运转了。

复合预选开关 SA_1、SA_2 断开,交流接触器 KM_3、KM_4 动作,电动机 M_3、M_4 运转,同时指示灯 HL_4、HL_5 亮,说明电动机 M_3、M_4 运转了。

复合预选开关 SA_1、SA_3 断开,交流接触器 KM_2、KM_4 动作,电动机 M_2、M_4 运转,同时指示灯 HL_3、HL_5 亮,说明电动机 M_2、M_4 运转了。

复合预选开关 SA_1、SA_4 断开,交流接触器 KM_2、KM_3 动作,电动机 M_2、M_3 运转,同时指示灯 HL_3、HL_4 亮,说明电动机 M_2、M_3 运转了。

复合预选开关 SA_2、SA_3 断开,交流接触器 KM_1、KM_4 动作,电动机

M_1、M_4 运转,同时指示灯 HL_2、HL_5 亮,说明电动机 M_1、M_4 运转了。

复合预选开关 SA_2、SA_4 断开,交流接触器 KM_1、KM_3 动作,电动机 M_1、M_3 运转,同时指示灯 HL_2、HL_4 亮,说明电动机 M_1、M_3 运转了。

复合预选开关 SA_3、SA_4 断开,交流接触器 KM_1、KM_2 动作,电动机 M_1、M_2 运转,同时指示灯 HL_2、HL_3 亮,说明电动机 M_1、M_2 运转了。

复合预选开关 SA_1、SA_2、SA_3 断开,交流接触器 KM_4 动作,电动机 M_4 运转,同时指示灯 HL_5 亮,说明电动机 M_4 运转了。

复合预选开关 SA_1、SA_2、SA_4 断开,交流接触器 KM_3 动作,电动机 M_3 运转,同时指示灯 HL_4 亮,说明电动机 M_3 运转了。

复合预选开关 SA_2、SA_3、SA_4 断开,交流接触器 KM_1 动作,电动机 M_1 运转,同时指示灯 HL_2 亮,说明电动机 M_1 运转了。

复合预选开关 SA_1、SA_3、SA_4 断开,交流接触器 KM_2 动作,电动机 M_2 运转,同时指示灯 HL_3 亮,说明电动机 M_2 运转了。

在实际使用时,只要事先将不需要运转的相应复合预选开关拨至接通位置,那么该编号的交流接触器线圈回路就被切断,该回路所控电动机就无法得电工作了。这时,只要操作启动按钮 SB_2,所预置的电动机组合运转方式就能完成。

2. 常见故障及排除方法

① 按下启动按钮 SB_2 无反应(控制回路电源正常)。通过电路分析可知,若控制回路电源正常,则故障原因包括所用预选开关均设置在接近位置上了,属于设置错误;停止按钮 SB_1 接触不良或断路;启动按钮自身接触不良、闭合不了或连线脱落。对于第一种原因,恢复任意一只预选开关就可以证明电路是否正常,拨回哪一只预选开关,哪一路交流接触器线圈就应吸合;对于第二种原因,更换停止按钮 SB_1 即可;对于第三种原因,检查启动按钮 SB_2 连线是否有脱落,若有脱落则接好,若按钮损坏则必须更换新品。

② 预选开关 SA_1 设置在接通位置时,交流接触器 KM_1 线圈不受控制。此故障一般情况下是预选开关 SA_1 常闭触点损坏断不开所致。更换一只新器件即可排除故障。

③ 将预选开关 SA_2 接通,交流接触器 KM_2 线圈能被切断,但按下启动按钮 SB_2 后为点动状态。预选开关 SA_2 未转换之前是正常的,说明电路正常,当预选开关 SA_2 转换后,电路出现故障自锁不了,说明故障为并联在 KM_2 自锁触点上的预选开关常开触点损坏所致。用万用表检查 SA_2 常开触点位于闭合位置时是否为接通状态,若不是则应予以更换,故

障即可排除。

④ 预选开关不能对各交流接触器进行控制。此故障原因可能是接线错误或混线所致。可重新连接各预选开关与交流接触器,故障即可排除。

⑤ 按下启动按钮 SB$_2$,电动机为点动状态(预选开关 SA$_1$、SA$_2$、SA$_3$、SA$_4$ 全部处于断开状态),将各预选开关分别置于接通状态时仍为点动状态。造成此故障的原因包括自锁回路连线脱落;有一只交流接触器自锁触点闭合不了,同时对应预选开关常开触点又损坏(此故障现象不常见)。对于第一种原因,用万用表检查自锁回路连接线是否有松动、接触不良或脱落,若有则应重新接好;对于第二种原因,可用万用表先分别测试预选开关 SA$_1$、SA$_2$、SA$_3$、SA$_4$ 常开触点是否闭合正常,若某个常开触点不能闭合,再用万用表检查该预选开关所对应的交流接触器辅助常开自锁触点是否正常,若不正常,则故障就确定于此,可加以排除。预选开关 SA$_1$ 对应交流接触器 KM$_1$ 常开自锁触点,预选开关 SA$_2$ 对应交流接触器 KM$_2$ 常开自锁触点,预选开关 SA$_3$ 对应交流接触器 KM$_3$ 常开自锁触点,预选开关 SA$_4$ 对应交流接触器 KM$_4$ 常开自锁触点,也就是说,检查与预选开关常开触点并联的那只交流接触器自锁触点。

1.22　防止相间短路的正反转控制电路维修技巧(一)

由于设计缺陷,很多正反转控制电路会出现交流接触器主触点处弧光短路事故。为防止类似问题发生,设计出完善的保护装置是减少弧光短路的有效方法。图 1.32 所示电路就是为解决弧光短路而增加了一只交流接触器 KM,由此来延长转换时间防止弧光短路。

1. 工作原理

正转启动时,按下正转启动按钮 SB$_2$,交流接触器 KM$_1$ 线圈得电吸合,其辅助常开触点闭合自锁,三相主触点闭合为电动机运转做准备工作(由于 KM$_1$＋KM,电动机才能正转得电工作),同时 KM$_1$ 的另一只辅助常开触点闭合,接通了防止电弧接触器 KM 线圈回路电源,交流接触器 KM 得电吸合,其主触点闭合,电动机通以三相电源从而正转启动运转。从原理图中可以看出,启动时,主触点 KM$_1$ 先闭合,主触点 KM 再闭合,它们之间存在一定时间差,从而减少弧光短路事故。

反转启动时,按下反转启动按钮 SB$_3$,交流接触器 KM$_2$ 线圈得电吸

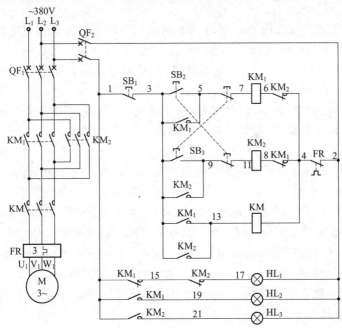

图 1.32 防止相间短路的正反转控制电路(一)

合且自锁,KM₂ 三相主触点闭合,改变了电源相序,为电动机启动运转做准备工作(由于 KM₂+KM,电动机才能反转得电工作),同时,KM₂ 的另一只辅助常开触点闭合,接通了交流接触器 KM 线圈回路电源,交流接触器 KM 得电吸合,其三相主触点闭合,电动机通入三相电源从而反转启动运转。

上述正转启动和反转启动的过程可简单归纳如下:

正转启动:主触点 KM₁ 闭合+间隔时间+主触点 KM 闭合。

反转启动:主触点 KM₂ 闭合+间隔时间+主触点 KM 闭合。

停止时,无论电路处于正转还是反转状态,只要按下停止按钮 SB₁ 即可将控制电路电源切断,从而使操作线圈回路断电释放,其三相主触点断开,电动机停止运转。

2.常见故障及排除方法

① 按下启动按钮 SB₂ 或 SB₃ 无反应。可能原因是停止按钮 SB₁、热继电器 FR 常闭触点接触不良,检查 SB₁ 是否损坏,若损坏则更换新品;倘若相关连线脱落,则接好连线即可。检查热继电器是否动作,手动复位后测量热继电器 FR 常闭触点是否正常,若仍不正常,则需更换

新品。

　　② 按下启动按钮 SB$_2$ 或 SB$_3$ 时,电动机均不运转。观察配电盘内的交流接触器动作情况,只有 KM$_1$ 或 KM$_2$ 动作,KM 始终无反应。应检查与 KM 线圈相串联的 KM$_1$ 或 KM$_2$ 辅助常开触点是否正常以及相关连线是否正常;检查 KM 线圈是否断路以及线圈连线是否脱落,根据检查结果排除故障即可。故障排除后,按下正转启动按钮 SB$_2$ 时,KM$_1$、KM 同时吸合,正转运行;按下反转启动按钮 SB$_3$ 时,KM$_2$、KM 同时吸合,反转运行。

　　③ 按下反转启动按钮 SB$_3$ 时为点动反转操作。故障为 KM$_2$ 辅助常开自锁触点接触不良或相关连线脱落,根据检查结果排除故障即可。

　　④ 按下正转启动按钮 SB$_2$ 时,电动机运转正常;按下反转启动按钮 SB$_3$ 时,电动机无反应。观察配电盘内的交流接触器 KM 动作情况,若按下正转启动按钮 SB$_2$,KM$_1$、KM 均动作,其三相主触点闭合,电动机得电正常工作,而按下反转启动按钮 SB$_3$ 时只有 KM$_2$ 动作,KM 无反应,电动机不工作,则应检查 KM$_2$ 串联在 KM 线圈回路中的辅助常开触点是否正常并修复。

1.23　防止相间短路的正反转控制电路维修技巧(二)

1. 工作原理

　　为了防止电动机在正、反转换接时出现相间短路而造成事故,在通常的设计中都采用双重互锁保护电路,也就是经常用到的按钮常闭触点互锁和交流接触器辅助常闭触点互锁,将它们串联在相反线圈回路中来限制其操作。图 1.33 所示的电路在电动机得电运转时,中间继电器 KA 线圈也得电吸合,KA 的两只常闭触点分别串联在正转启动按钮 SB$_2$、反转启动按钮 SB$_3$ 回路中,此时 KA 的两只常闭触点断开,将限制正转启动按钮 SB$_2$、反转启动按钮 SB$_3$ 的启动操作,但不影响电路的停止工作。若电路处于正转工作时欲反转,那么正转交流接触器 KM$_1$ 线圈则必须先断电释放,其三相主触点断开,电动机断电停止运转的同时,中间继电器 KA 线圈也断电释放,KA 常闭触点恢复常闭状态,才能为反转启动提供通路,这样,经过中间继电器 KA 的转换,避免了交流接触器在正反转转换时很可能因电动机启动电流过大引起弧光短路。

　　特别提醒:此电路中间继电器 KA 线圈电压为 220V,若只有线圈电

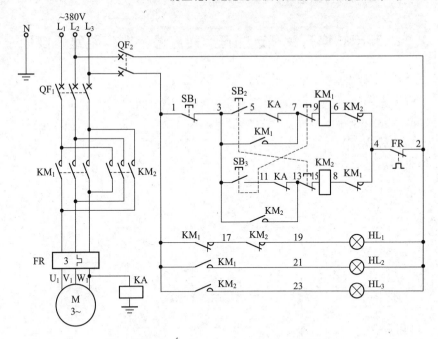

图 1.33 防止相间短路的正反转控制电路(二)

压为 380V 时,可将此线圈直接并联在交流接触器 KM₁ 或 KM₂ 下端任意两相上即可。

2. 常见故障及排除方法

① 电动机运转后,中间继电器 KA 线圈不吸合。造成中间继电器 KA 线圈不吸合的原因是 KA 线圈断路、连线脱落或接触不良。用万用表检查 KA 线圈是否断路,若断路则更换新品;检查 KA 线圈连线是否脱落,若脱落则重新连接好。另外,若中间继电器发出电磁声较大但并未吸合可靠,则可能是电源电压过低或中间继电器 KA 机械部分卡住所致。

② 正转正常,按下反转启动按钮 SB₃ 无反应,用导线短接 SB₃ 常开触点,反转电路工作正常。此故障为反转启动按钮 SB₃ 常开触点接触不良或断路所致,更换一只同型号的按钮,故障即可排除。

③ 正转启动变为点动。此故障为正转自锁连线脱落或自锁常开触点 KM₁ 损坏闭合不了所致。检查自锁回路连线是否脱落,若脱落则接好;若 KM₁ 自锁常开触点损坏,则更换。

1.24 利用转换开关预选的正反转启停控制电路维修技巧

1. 工作原理

大家都知道,要想改变三相异步电动机的转向,只需将引向电动机定子的三相电源线中的任意两根导线对调一下即可。图1.34所示电路就是利用转换开关 SA 先预选正反转,然后用两只按钮来分别控制其启动、停止的。

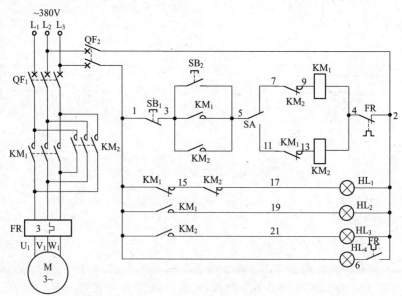

图 1.34 利用转换开关预选的正反转启停控制电路

合上断路器 QF_1、QF_2,电源指示灯 HL_1 亮,说明电源正常。

正转启动时,首先将预选正反转转换开关 SA 拨至 5、7 端处,按下启动按钮 SB_2,正转交流接触器 KM_1 线圈得电吸合且自锁,KM_1 三相主触点闭合,电动机得电正转运转,同时指示灯 HL_1 灭、HL_2 亮,说明电动机正转运转了。

反转启动时,将预选开关 SA 拨至 5、11 端处,按下启动按钮 SB_2,反转交流接触器 KM_2 线圈得电吸合且自锁,KM_2 三相主触点闭合,电动机得电反转运转,同时指示灯 HL_1 灭,HL_3 亮,说明电动机反转运转了。

停止时,按下停止按钮 SB_1 或将预选转换开关 SA 拨至相反位置即可(但要恢复 SA 位置状态)。

适用范围：该电路适用于操作过程中频繁需要正反转控制的场合。

2. 常见故障及排除方法

① 正反转无法选择（只能正转工作）。此故障的原因可能是预选转换开关 SA 损坏；反转交流接触器 KM_2 线圈断路；正转交流接触器 KM_1 串联在反转交流接触器 KM_2 线圈回路中的互锁常闭触点 KM_1 接触不良或断路。对于预选转换开关 SA 损坏，可用短接法试之，若不能修复则更换新品；对于反转交流接触器 KM_2 线圈断路则需查明烧毁原因后更换；对于互锁常闭触点 KM_1 接触不良或断路，通常需更换一只同型号的交流接触器。

② 正转正常，反转为点动状态。此故障通常为 KM_2 自锁触点断路所致。检查 KM_2 自锁回路相关连线是否脱落，若无脱落，则需更换 KM_2 辅助常开触点或更换同型号交流接触器。

③ 按下启动按钮 SB_2 无反应（即正反转均不工作，控制电源正常）。此故障原因可能为停止按钮 SB_1 断路；启动按钮 SB_2 损坏而闭合不了；预选转换开关 SA 损坏；热继电器 FR 控制常闭触点接触不良。首先用短接法进行检修，用导线短接启动按钮 SB_2，若电路能工作则说明是启动按钮 SB_2 损坏所致，更换一只同型号按钮开关即可；若短接启动按钮 SB_2 无反应，则逐一短接停止按钮 SB_1、预选转换开关 SA、热继电器 FR 控制常闭触点，并按下启动按钮 SB_2 进行试验，直至找到故障并排除为止。

④ 正反转均为点动状态。正反转自锁回路同时出现此故障的几率很小，通常是停止按钮 SB_1 与启动按钮 SB_2、正转交流接触器 KM_1、反转交流接触器 KM_2 自锁常开触点之间的公共连线处接触不良或脱落所致。重点检查 3 号线处是否有连线脱落，若有则重新接好。

1.25 只有接触器辅助常闭触点互锁的可逆启停控制电路维修技巧

1. 工作原理

图 1.35 所示为只有交流接触器辅助常闭触点互锁可逆启停控制电路。图中采用了两个交流接触器，也就是正转交流接触器 KM_1 和反转交流接触器 KM_2。由于交流接触器三相主触点接线的相序不同，所以当两个交流接触器分别工作时，电动机的旋转方向相反。

合上断路器 QF_1、QF_2，电源指示灯 HL_1 亮，说明电源正常。

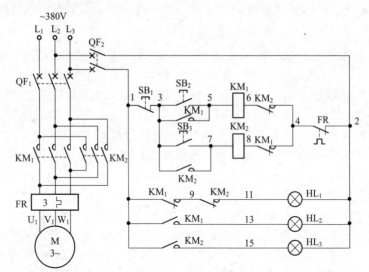

图 1.35　只有接触器辅助常闭触点互锁的可逆启停控制电路

正转启动时,按下正转启动按钮 SB₂,交流接触器 KM₁ 线圈得电吸合且自锁(在 KM₁ 线圈回路自锁之前,KM₁ 串联在 KM₂ 线圈回路中的互锁常闭触点已断开,保证在 KM₁ 工作时 KM₂ 不能得电吸合),KM₁ 三相主触点闭合,电动机得电正转运行,同时指示灯 HL₁ 灭、HL₂ 亮,说明电动机正转运转了。

反转启动时,按下反转启动按钮 SB₃(注意,倘若在正转运行过程中想改变成反转运行,则必须先按下停止按钮 SB₁,使正转交流接触器 KM₁ 线圈先断电释放后方能进行反转启动操作,这是该线圈存在的不足之处),交流接触器 KM₂ 线圈得电吸合且自锁(在 KM₂ 线圈自锁之前,KM₂ 串联在 KM₁ 线圈回路中的互锁常闭触点已断开,保证在 KM₂ 工作时 KM₁ 不能得电吸合),KM₂ 三相主触点闭合,电动机得电反转运行,同时指示灯 HL₁ 灭、HL₃ 亮,说明电动机反转运转了。

停止时,按下停止按钮 SB₁ 即可,同时指示灯 HL₁ 又被点亮。

2.常见故障及排除方法

① 主回路断路器 QF₁ 闭合不上(在控制回路保护断路器 QF₂ 处于断开状态),其主要原因是断路器自身脱扣器损坏;交流接触器 KM₁、KM₂ 主触点连接处短路。对于断路器 QF₁ 脱扣器损坏,则换一只新脱扣器即可;对于交流接触器 KM₁、KM₂ 主触点连接处短路,则需根据现场情况酌情解决,若此部分导线短路则需更换短路导线,若是连接点处短路,

可查明原因更换静触点或设法解决已被碳化的壳体部分使其绝缘电阻大于 $1M\Omega$。

② 无论是正转还是反转,电动机都"嗡嗡"响但不转,而且电动机壳体温度很高。此故障是三相电源缺相所致。根据上述现象可检查三相电源公共部分,也就是供电电源是否正常;断路器 QF_1 是否缺相;热继电器 FR 是否损坏;主回路相关连线是否有松动现象;电动机绕组是否缺相。通过上述检查后,查出故障点并加以排除。

③ 正转时按下启动按钮 SB_2,交流接触器 KM_1 线圈得电吸合但不能自锁,为点动状态。此故障是 KM_1 自锁触点闭合不了或 KM_1 自锁回路连线脱落所致。若是 KM_1 自锁触点损坏则根据交流接触器型号更换触点,对于有些交流接触器触点不能更换时则需要更换整个交流接触器;若是自锁回路连线脱落故障,可重新将脱落导线恢复即可。

④ 热继电器冒烟,可看到火光,但不跳闸。此故障原因是电动机处于过载状态,同时热继电器自身损坏而不能跳闸,最为常见的是热继电器 FR 常闭触点断不开所致。检查并排除过载问题后,更换一只同型号的热继电器即可。

1.26 具有双重互锁的可逆点动控制电路维修技巧

1. 工作原理

图 1.36 所示为有接触器辅助常闭触点互锁及按钮常闭触点互锁的可逆点动控制电路。

正转点动时,按下按钮 SB_1,SB_1 串联在反转交流接触器 KM_2 线圈回路中的常闭触点断开,起到按钮互锁作用,此时,正转交流接触器 KM_1 线圈得电吸合,KM_1 串联在反转交流接触器 KM_2 线圈回路中的辅助常闭触点断开,起到双重互锁作用。这时 SB_1 常开触点闭合,正转交流接触器 KM_1 线圈得电吸合,KM_1 三相主触点闭合,电动机正转运转。当松开按钮 SB_1 后,KM_1 线圈断电释放,KM_1 三相主触点断开,电动机停止运转,即为点动操作。

反转点动操作与正转点动操作相同,本文不再介绍。

2. 常见故障及排除方法

① 反转点动正常,正转无反应。其故障原因为正转点动按钮 SB_1 常开触点损坏;正转交流接触器 KM_1 线圈断路;反转交流接触器

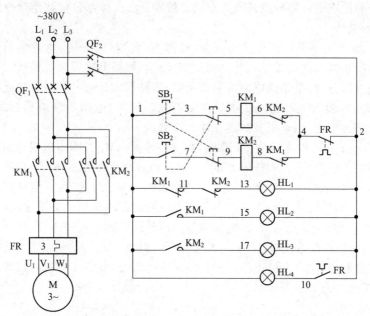

图 1.36　有接触器辅助常闭触点互锁及按钮常闭触点互锁的可逆点动控制电路

KM$_2$ 辅助常闭触点损坏。检查上述器件是否正常,将故障器件换掉即可排除故障。

　　② 按下正转点动按钮 SB$_1$,KM$_1$ 线圈得电吸合后变为自锁,松开 SB$_1$,KM$_1$ 线圈仍吸合不释放,很长一段时间后,KM$_1$ 线圈才会自行释放停止工作。此故障为 KM$_1$ 铁心极面有油污造成动、静铁心延时释放问题。用细砂纸或干布将动、静铁心极面油污擦干净即可解决此故障。

1.27　四地启动、一地停止控制电路维修技巧

1. 工作原理

　　四地启动、一地停止控制电路如图 1.37 所示。

　　启动时,按下任意一只启动按钮 SB$_2$～SB$_5$(3-5),交流接触器 KM 线圈得电吸合且辅助常开触点(3-5)闭合自锁,KM 三相主触点闭合,电动机通以三相交流电源启动运转,同时 KM 辅助常闭触点(1-7)断开,指示灯 HL$_1$ 灭,KM 辅助常开触点(1-9)闭合,指示灯 HL$_2$ 亮,说明电动机已

启动运转。

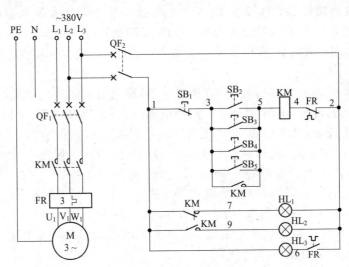

图 1.37 四地启动、一地停止控制电路

停止时,按下停止按钮 SB$_1$(1-3),交流接触器 KM 线圈断电释放,KM 三相主触点断开,电动机失电停止运转。同时 KM 辅助常开触点(1-9)恢复常开,指示灯 HL$_2$ 灭,KM 辅助常闭触点(1-7)恢复常闭,指示灯 HL$_1$ 亮,说明电动机已停止运转。

过载时,FR 常闭触点(2-4)断开,切断交流接触器 KM 线圈回路电源,KM 线圈断电释放,其三相主触点断开,切断了电动机三相电源,从而起到过载保护作用。同时 FR 常开触点(2-6)闭合,接通了指示灯 HL$_3$ 电源,使其点亮,说明电动机已过载了。

2. 常见故障及排除方法

① 闭合控制回路断路器 QF$_2$,指示灯 HL$_1$、HL$_2$ 亮。此故障原因通常为:KM 辅助常开触点(1-9)熔焊断不开;1$^\#$ 线与 9$^\#$ 线相碰所致。对于 KM 辅助常开触点(1-9)熔焊断不开,可将此(1-9)连线拆下,用万用表测量此触点是否正常,若此常开触点为闭合状态,则故障由此常开触点熔焊所致,更换新品后故障排除。对于 1$^\#$ 线与 9$^\#$ 线相碰(图 1.38),仔细检查导线相碰短路的地方,并加以处置即可。

② 启动时,按钮 SB$_2$、SB$_4$、SB$_5$ 正常,按钮 SB$_3$ 无效。此故障通常为按钮 SB$_3$

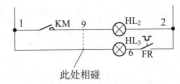

此处相碰

图 1.38 1$^\#$ 线与 9$^\#$ 线相碰

损坏或与按钮 SB$_3$ 连接的 3$^\#$、5$^\#$ 导线出现接触不良、脱落现象。先用一根导线将按钮 SB$_3$ 两端 3$^\#$ 线与 5$^\#$ 线短接一下,此时若交流接触器 KM 线圈得电吸合,则故障为按钮 SB$_3$ 损坏,需换新品;若短接时,交流接触器 KM 线圈不能得电吸合,则为 3$^\#$ 线或 5$^\#$ 线脱落,仔细检查并将脱落线连上即可。

③ 电动机运转时烫手,有糊味,用钳形电流表测电动机电流超出额定电流很多,未超出 QF$_1$ 断路器电流范围,但热继电器不动作。通过上述表述,可确定电动机已出现过载现象或电动机绕组自身有故障,但此时,相应的过载保护热继电器 FR 应动作。首先应检查热继电器 FR 电流设置是否正确,若不正确,重新设置在电动机额定电流接近的刻度上,就可使其热继电器 FR 保护动作。若正确,则通常为热继电器 FR 损坏所致,可用新品换之,故障即可排除。值得注意的是,遇到此故障在更换新品后,必须先找出过载原因并加以排除,以免出现电动机绕组烧毁现象。

1.28　六台电动机逐台延时启动电路维修技巧

1. 工作原理

六台电动机逐台延时启动电路如图 1.39 所示。

启动时,按下启动按钮 SB$_2$(3-5),交流接触器 KM$_1$、得电延时时间继电器 KT$_1$ 线圈得电吸合且 KM$_1$ 辅助常开触点(3-5)闭合自锁,KM$_1$ 三相主触点闭合,电动机 M$_1$ 得电运转工作,第一台电动机启动运转,同时 KT$_1$ 开始延时。

经 KT$_1$ 延时后,KT$_1$ 得电延时闭合的常开触点(1-7)闭合,交流接触器 KM$_2$、得电延时时间继电器 KT$_2$ 线圈得电吸合,KM$_2$ 三相主触点闭合,电动机 M$_2$ 又得电运转工作,第二台电动机启动运转,同时 KT$_2$ 开始延时。

经 KT$_2$ 延时后,KT$_2$ 得电延时闭合的常开触点(1-9)闭合,交流接触器 KM$_3$、得电延时时间继电器 KT$_3$ 线圈得电吸合,KM$_3$ 三相主触点闭合,电动机 M$_3$ 又得电运转工作,第三台电动机启动运转,同时 KT$_3$ 开始延时。

经 KT$_3$ 延时后,KT$_3$ 得电延时闭合的常开触点(1-11)闭合,交流接触器 KM$_4$、得电延时时间继电器 KT$_4$ 线圈得电吸合,KM$_4$ 三相主触点闭

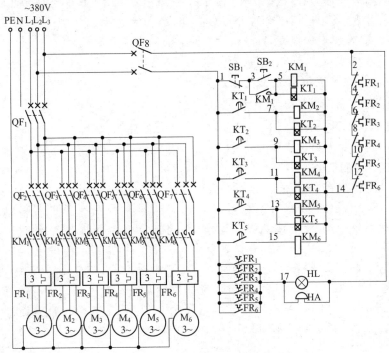

图 1.39 六台电动机延时启动电路

合,电动机 M_4 又得电运转工作,第四台电动机启动运转,同时 KT_4 开始延时。

经 KT_4 延时后,KT_4 得电延时闭合的常开触点(1-13)闭合,交流接触器 KM_5、得电延时时间继电器 KT_5 线圈得电吸合,KM_5 三相主触点闭合,电动机 M_5 也得电运转工作,第五台电动机启动运转,同时 KT_5 开始延时。

经 KT_5 延时后,KT_5 得电延时闭合的常开触点(1-15)闭合,交流接触器 KM_6 线圈得电吸合,KM_6 三相主触点闭合,电动机 M_6 也得电运转工作,第六台电动机启动运转。

至此六台电动机从前至后逐台延时启动结束。

停止时,按下停止按钮 SB_1(1-3),交流接触器 KM_1~KM_5、得电延时时间继电器 KT_1~KT_6 线圈均断电释放,KM_1~KM_6 各自的三相主触点断开,电动机 M_1~M_6 均失电停止运转。

当任何一台或多台电动机出现过载时,因其热继电器控制常闭触点 FR_1~FR_6(2-14)为串联,其中任何一个常闭触点断开,都会断开整个控制电路电源,起到过载保护作用。同时热继电器 FR₁～FR₆(1-17)常开触点为并联,其中任何一个常开触点闭合,都会使电铃 HA、指示灯 HL 回路接通,发出声光报警,只需相关人员电动机出现过载了。

若想重新启动电动机或解除声光报警,只需手动按下热继电器 FR₁～FR₆ 的复位按钮,使其复位即可。

2. 常见故障及排除方法

①指示灯 HL 亮,电铃 HA 响。此故障原因为:热继电器 FR₁～FR₆ 中的一只或多只过载了未复位所致。用手动方式对热继电器进行逐个复位后,故障即可解决。

②按启动按钮 SB₂,电动机 M₁、M₂ 工作后,电动机 M₃、M₄、M₅、M₆ 不工作。此故障与得电延时时间继电器 KT₂ 有关系。若得电延时时间继电器 KT₂ 线圈吸合动作,其故障原因为 KT₂ 得电延时闭合的常开触点(1-9)损坏,需更换新品,故障即可排除。若得电延时时间继电器 KT₂ 线圈不能吸合动作,首先测量 KT₂ 线圈两端(7-14)电压是否为 380V,当电压为零时,应查找 7# 线和 14# 线脱落处,接好即可;当测量 KT₂ 线圈两端(7-14)电压为 380V 时,为 KT₂ 自身器件损坏故障,需更换新品即可。

1.29　两台电动机开机按次序从前向后自动完成、停机不按次序操作电路维修技巧

1. 工作原理

本节介绍一种两台电动机在开机时按次序从前向后延时启动,而在停机时不按次序任意操作的电路(图 1.40)。

开机时,按下电动机 M₁ 启动按钮 SB₂,SB₂ 的一组常开触点(3-5)闭合,使交流接触器 KM₁ 线圈得电吸合,交流接触器 KM₁ 辅助常开触点(3-5)闭合自锁,KM₁ 三相主触点闭合,电动机 M₁ 先得电运转,同时 KM₁ 辅助常开触点(13-15)闭合,为 M₂ 电动机控制回路工作做准备。KM₁ 辅助常闭触点(1-17)断开,KM₁ 辅助常开触点(1-21)闭合,电源兼停止指示灯 HL₁ 灭,电动机 M₁ 运转指示灯 HL₂ 亮,说明电动机 M₁ 已启动完成。在按下启动按钮 SB₂ 的同时,SB₂ 的另外一组常开触点(5-7)闭合,使得电延时时间继电器 KT 线圈得电吸合且 KT 不延时瞬动常开触点(5-7)闭合自锁,并开始延时。经 KT 一段延时后,KT 得电延时闭合

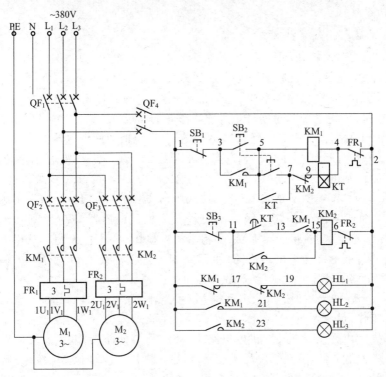

图 1.40 两台电动机开机按次序从前向后自动完成、停机不按次序操作电路

的常开触点(11-13)闭合,使交流接触器 KM_2 线圈得电吸合,KM_2 辅助常开触点(11-15)闭合自锁;KM_2 三相主触点闭合,电动机 M_2 得电运转;KM_2 辅助常闭触点(7-9)断开,切断 KT 线圈回路电源,KT 线圈断电释放,KT 不延时瞬动常开触点(5-7)断开,KT 得电延时闭合的常开触点(11-13)恢复常开,为随时停止 KM_2 做准备;KM_2 辅助常闭触点(17-19)断开,KM_2 辅助常开触点(1-23)闭合,电动机 M_2 运转指示灯 HL_3 亮,说明电动机 M_2 已启动完成。

停止时,可不按次序任意停机。当按下 SB_1(1-3)时,交流接触器 KM_1 线圈断电释放,KM_1 三相主触点断开,电动机 M_1 失电停止运转,KM_1 辅助常开触点(1-21)断开,电动机 M_1 运转指示灯 HL_2 灭,说明电动机 M_1 已停止运转。当按下 SB_3(1-11)时,交流接触器 KM_2 线圈断电释放,KM_2 三相主触点断开,电动机 M_2 失电停止运转,KM_2 辅助常开触点(1-23)断开,电动机 M_2 运转指示灯 HL_3 灭,说明电动机 M_2 已停止运转。注意,停止兼电源指示灯 HL_1 只有在两台电动机全部停止后才会被点亮。

2.常见故障及排除方法

①按启动按钮 SB_2 后,电动机 M_1 工作,不能延时启动电动机 M_2。此故障可能原因为:启动按钮 SB_2 的另一组常开触点(5-7)损坏或 $5^\#$ 线、$7^\#$ 线脱落;交流接触器 KM_2 辅助常闭触点(7-9)损坏闭合不了或 $7^\#$ 线、$9^\#$ 线脱落;得电延时时间继电器 KT 线圈断路或 $9^\#$ 线、$4^\#$ 线脱落;停止按钮 SB_3 损坏断路或 $1^\#$ 线、$11^\#$ 线脱落;得电延时时间继电器 KT 得电延时闭合的常开触点(11-13)损坏闭合不了或 $11^\#$ 线、$13^\#$ 线脱落;交流接触器 KM_1 辅助常开触点(13-15)损坏闭合不了或 $13^\#$ 线、$15^\#$ 线脱落;交流接触器 KM_2 线圈断路或 $15^\#$ 线、$6^\#$ 线脱落;热继电器 FR_2 控制常闭触点(2-6)损坏闭合不了或 $6^\#$ 线、$2^\#$ 线脱落;主回路断路器 QF_3 跳闸动作或损坏合不上;交流接触器 KM_2 三相主触点损坏;热继电器 FR_2 三相热元件损坏;电动机绕组出现断路;主回路相关连接连线松动、脱落、接触不良。根据上述原因逐一检查,故障即可排除。

②按下启动按钮 SB_2,电动机 M_1 不工作,待一段时间延时后,电动机 M_2 工作,且指示灯 HL_2、HL_3 亮。从上述故障现象看,控制电路一切正常,故障出在电动机 M_1 供电电路中,逐一检查断路器 QF_2、交流接触器 KM_1 三相主触点、热继电器 FR_1 三相热元件以及电动机 M_1 绕组,找出故障器件,故障即可排除。

1.30　三台电动机顺序启动、逆序停止控制电路维修技巧

1.工作原理

三台电动机顺序启动、逆序停止控制电路如图1.41所示。

启动时,先按下第一台电动机 M_1 启动按钮 SB_2,交流接触器 KM_1 线圈得电吸合且 KM_1 辅助常开触点闭合自锁,KM_1 三相主触点闭合,电动机 M_1 得电启动运转;同时 KM_1 串联在 KM_2 线圈回路中的辅助常开触点闭合,为顺序启动 KM_2 线圈做准备。

再按下第二台电动机 M_2 启动按钮 SB_4,交流接触器 KM_2 线圈得电吸合且 KM_2 辅助常开触点闭合自锁,KM_2 三相主触点闭合,电动机 M_2 得电启动运转;同时 KM_2 串联在 KM_3 线圈回路中的辅助常开触点闭合,为顺序启动 KM_3 线圈做准备;同时 KM_2 并联在第一台电动机 M_1 停止按钮 SB_1 上的辅助常开触点闭合,将限制 SB_1 的操作,为逆序停止做

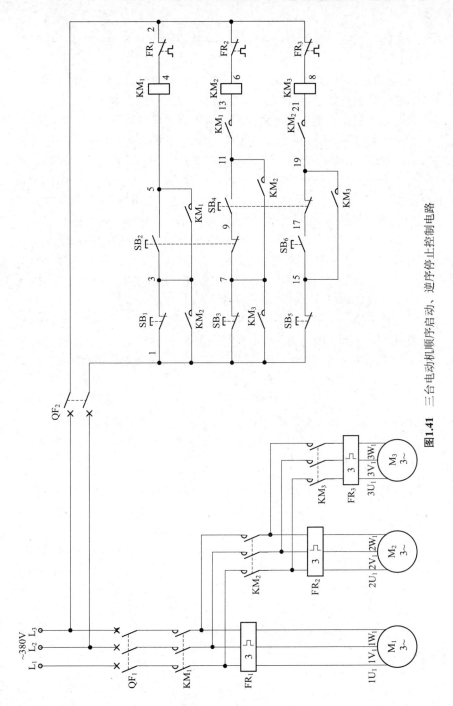

图1.41 三台电动机顺序启动、逆序停止控制电路

准备。

最后按下第三台电动机 M_3 启动按钮 SB_6,交流接触器 KM_3 线圈得电吸合且 KM_3 辅助常开触点闭合自锁,KM_3 三相主触点闭合,电动机 M_3 得电启动运转;同时 KM_3 并联在第二台电动机 M_2 停止按钮 SB_3 上的辅助常开触点闭合,将限制 SB_3 的操作,为逆序停止做准备。

至此完成三台电动机从前向后手动逐台顺序启动控制。

停止时,因停止按钮 SB_1 被 KM_2 辅助常开触点短接,只有 KM_2 线圈断电释放时,此常开触点断开,才能对停止按钮 SB_1 进行操作。而停止按钮 SB_3 则被 KM_3 辅助常开触点短接,只有 KM_3 线圈断电释放时,此常开触点断开,才能对停止按钮 SB_3 进行操作。从以上可以看出,只有停止按钮 SB_5 可以先操作,也就是说,停止时必须手动逆序逐台进行操作。

先按下第三台电动机 M_3 停止按钮 SB_5,交流接触器 KM_3 线圈断电释放,KM_3 三相主触点断开,电动机 M_3 失电,第一个停止运转。同时 KM_3 并联在第二台电动机 M_2 停止按钮 SB_3 上的辅助常开触点断开,允许对第二台电动机 M_2 进行停止操作。

再按下第二台电动机 M_2 停止按钮 SB_3,交流接触器 KM_2 线圈断电释放,KM_2 三相主触点断开,电动机 M_2 失电,第二个停止运转。同时 KM_2 并联在第一台电动机 M_1 停止按钮 SB_1 上的辅助常开触点断开,允许对第一台电动机 M_1 进行停止操作。

最后按下第一台电动机 M_1 停止按钮 SB_1,交流接触器 KM_1 线圈断电释放,KM_1 三相主触点断开,电动机 M_1 失电,第三个停止运转。

至此,完成三台电动机从后向前逆序逐台手动停止控制。

2. 常见故障及排除方法

①启动时,按 SB_2 电动机 M_1 运转工作;按 SB_4,电动机 M_2 运转工作;按 SB_6 为点动运转。此故障为交流接触器 KM_3 辅助常开触点(15-19)损坏闭合不了或 15# 线、19# 线脱落所致。若 KM_3 辅助常开触点(15-19)损坏,可用新品换之;若 15# 线、19# 线脱落,找出脱落线,对应接好,故障即可排除。

②启动时,按 SB_2,电动机 M_1 运转工作;按 SB_4,交流接触器 KM_2 线圈吸合工作,电动机 M_2 不运转;按 SB_6,交流接触器 KM_2 线圈吸合工作,电动机 M_3 不运转。此故障出在交流接触器 KM_2 三相主触点以及 KM_2 三相主触点上端、下端连线上。可用试电笔或万用表逐一检查,故障即可排除。

第 2 章

电动机降压启动电路维修

2.1 手动串联电阻启动控制电路维修技巧(一)

1. 工作原理

图 2.1 所示是手动串联电阻启动控制电路(一)。合上主回路断路器 QF_1、控制回路断路器 QF_2，指示灯 HL_1 亮，以告知电源正常。在电动机启动时，可按下启动按钮 SB_2，此时电动机串联电阻器启动。当电动机转速达到额定转速时，再将按钮 SB_3 按下，电动机绕组全压供电正常运行。具体工作原理如下：降压启动时，按下降压启动按钮 SB_2，交流接触器 KM_1 线圈得电吸合且自锁，其三相主触点闭合，电动机绕组串联电阻器 R 降压启动，同时指示灯 HL_1 灭、HL_2 亮，说明电动机正在进行降压启动。待电动机转速达到额定转速时，再按下全压运行按钮 SB_3，此时，交流接触器 KM_1、KM_2 均吸合且自锁，KM_2 三相主触点将三只启动电阻器 R 分别短接起来，电动机电源改为全压供电方式，使电动机正常运行工作，同时指示灯 HL_2 灭、HL_3 亮，说明电动机已全压运行了。

2. 常见故障及排除方法

① 按下降压启动按钮 SB_2 无反应。若同时按下按钮 SB_2、SB_3，电动机全压启动（松开 SB_2 后即停止）。此故障通常为 KM_1 线圈断路所致，用万用表电阻挡检查 KM_1 线圈是否断路，若断路则更换一只新线圈即可。

② 按下 SB_2 启动正常，交流接触器 KM_1 线圈得电吸合工作，当按下 SB_3 时，交流接触器 KM_2 线圈得电吸合，控制回路工作正常，但电动机仍

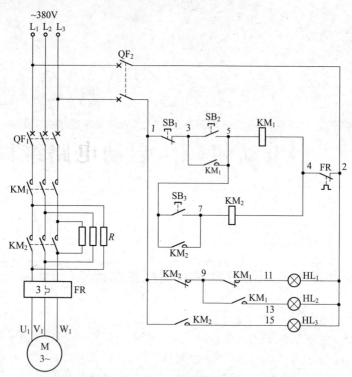

图 2.1　手动串联电阻启动控制电路(一)

为降压启动状态,不能进行全压运行。此故障为交流接触器 KM₂ 三相主触点断路闭合不了所致。在正常时,KM₂ 三相主触点闭合,会将启动电阻短接起来,转换成全压运行,这充分说明故障点为 KM₂ 三相主触点断路。故障确定后,最好更换一只新的同型号交流接触器。

③ 按下降压启动按钮 SB₂ 时,电动机没有降压启动而是直接全压运行。此故障通常为运转交流接触器 KM₂ 三相主触点熔焊;KM₂ 机械部分卡住;KM₂ 铁心极面有油污释放缓慢或不释放所致。

2.2 手动串联电阻启动控制电路维修技巧(二)

1. 工作原理

手动串联电阻启动控制电路(二)如图 2.2 所示,启动前先将断路器 QF₁、QF₂ 合上,电源指示灯 HL₁ 亮,说明电源有电。串联电阻启动时,

按下启动按钮 SB_2,启动交流接触器 KM_1 线圈得电吸合且自锁,KM_1 三相主触点闭合,电动机串入电阻器 R 进行降压启动,同时指示灯 HL_1 灭、HL_2 亮,说明电动机正在进行降压启动。操作者根据实际工作经验总结的启动时间按下运行按钮 SB_3,运行交流接触器 KM_2 线圈得电吸合且自锁,KM_2 三相主触点闭合,从而短接了主回路电阻器 R,电动机得电全压运行工作,同时指示灯 HL_2 灭、HL_3 亮,说明电动机已完成启动投入全压正常运转了。

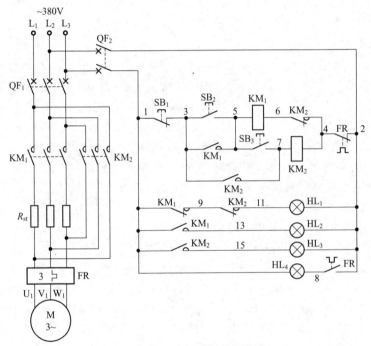

图 2.2 手动串联电阻启动控制电路(二)

该电路不能直接操作全压运行,因为只有在操作完启动按钮 SB_2 后,启动交流接触器线圈得电吸合且自锁,才能给全压运行按钮 SB_3 提供控制电源,否则在不按下 SB_2 之前,直接操作 SB_3 无效。

2. 常见故障及排除方法

① 按下降压启动按钮 SB_2 无反应。检修此故障时,最好先将主回路断路器 QF_1 断开,只试验控制回路。检修时可按住 SB_2 不放,观察交流接触器 KM_1 是否动作,若不动作,再同时按下运行按钮 SB_3,观察交流接触器 KM_2 是否工作,若 KM_2 线圈能吸合且自锁,则说明控制回路公共部

分是正常的(如停止按钮 SB_1、热继电器 FR 常闭触点),故障缩小至交流接触器 KM_1 线圈断路或交流接触器 KM_2 辅助常闭触点断路。排除方法是重点检查 KM_1 线圈及 KM_2 辅助常闭触点是否正常,若器件损坏则更换,故障即可排除。

② 按下降压启动按钮 SB_2 时启动正常,但操作 SB_3 时能转换一下,随后 KM_1、KM_2 线圈断电释放即可停止。从故障现象上分析,KM_1 动作正常,若不正常 SB_3 根本进行不了;在按下 SB_3 时 KM_2 工作了一下便停止了,说明 KM_2 线圈部分、KM_2 辅助常闭触点部分均正常(若 KM_2 常闭触点损坏断不开,那么 KM_1 就不会断电,则故障现象为同时按住 SB_2、SB_3 时 KM_1、KM_2 线圈均得电吸合,但手一松开按钮 KM_2 线圈即断电释放,KM_1 仍正常工作),则故障为 KM_2 自锁辅助常开触点损坏闭合不了所致。故障排除方法是重点检查 KM_2 自锁触点,若损坏,则更换即可。

③ 按下降压启动按钮 SB_2 正常,但按下运行按钮 SB_3 时无任何反应,KM_1 仍然吸合不释放。根据电路分析,此故障原因为运行按钮 SB_3 损坏或交流接触器 KM_2 线圈断路。用短接法检查运行按钮 SB_3 是否正常,用测电笔或万用表电阻挡检查 KM_2 线圈是否断路,故障部位确定无误,则更换故障器件即可排除。

④ 按下 SB_2 时,KM_1 线圈吸合且自锁,再按下 SB_3 时,KM_2 线圈吸合工作,但 KM_1 线圈不断电释放仍吸合。此故障原因为交流接触器 KM_2 辅助常闭触点损坏断不了所致,还有一些故障也会引起此现象,如交流接触器 KM_1 铁心极面有油污造成 KM_1 释放缓慢。在检查电路时,观察配电箱内电器元件 KM_1 的动作情况就能分析清楚,若 KM_1、KM_2 都吸合后,断开控制回路断路器 QF_2,KM_1、KM_2 同时断电释放,KM_1 无释放缓慢现象(可反复试验多次确定),则故障为 KM_2 辅助常闭触点粘连;若 KM_1 释放缓慢或不释放,则为 KM_1 自身故障,需更换 KM_1 交流接触器。

2.3　定子绕组串联电阻启动自动控制电路维修技巧(一)

1. 工作原理

图 2.3 所示是一种定子绕组串联电阻启动自动控制电路。合上断路器 QF_1、QF_2,电源兼停止指示灯 HL_1 亮,说明电源正常。

当启动电动机时,按下按钮 SB_2,交流接触器线圈 KM_1 得电吸合,使电动机绕组串入电阻 R 降压启动,同时指示灯 HL_1 灭、HL_2 亮,说明电

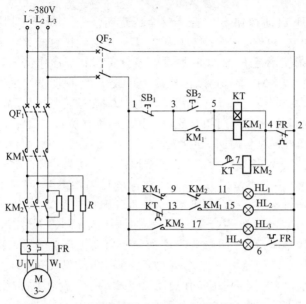

图 2.3 定子绕组串联电阻启动自动控制电路(一)

动机正在进行降压启动。这时时间继电器 KT 线圈也得电,KT 延时闭合的常开触点经过延时后闭合,使 KM₂ 线圈得电吸合。KM₂ 主触点闭合短接启动电阻 R,使电动机在全电压下运行,同时指示灯 HL₂ 灭、HL₃亮,说明电动机已全压正常运转了。停机时,按下停机按钮 SB₁ 即可,同时指示灯 HL₁ 又被点亮了,说明电动机已停止运转了。

2.常见故障及排除方法

① 按下启动按钮 SB₂ 后,交流接触器 KM₁ 线圈得电吸合且自锁,但时间继电器 KT 不动作,一直处于降压启动状态,不能转为全压运行。此故障原因主要是时间继电器 KT 线圈断路。因时间继电器 KT 线圈断路,KT 延时闭合的常开触点不能闭合,全压运行交流接触器 KM₂ 无法得电工作,所以该电路一直处于降压启动状态,而不能转为全压运行。故障排除方法是更换一只相同型号的时间继电器即可。

② 按下启动按钮 SB₂ 后,交流接触器 KM₁、时间继电器 KT 线圈均得电吸合且自锁,但全压运行交流接触器 KM₂ 线圈不工作,所以一直处于降压启动状态,而无法转换为全压运行。此故障原因为时间继电器 KT 延时闭合的常开触点损坏闭合不了;全压运行交流接触器 KM₂ 线圈断路。故障排除方法是检查故障位置,更换时间继电器 KT 或交流接触

器 KM$_2$。

③ 按下启动按钮 SB$_2$ 直接为全压运行状态。断开主回路断路器 QF$_1$，检修控制电路，当按下启动按钮 SB$_2$ 时，交流接触器 KM$_1$、时间继电器 KT、交流接触器 KM$_2$ 线圈均得电吸合工作。从动作情况看，全压运行交流接触器 KM$_2$ 在未启动操作前为释放状态，说明 KM$_2$ 没有出现触点粘连、机械部分卡住、铁心极面脏而延时释放等问题，所以故障基本确定为时间继电器 KT 延时闭合的常开触点断不开所致。故障排除方法是更换一只新的同型号时间继电器即可。

④ 按下 SB$_2$ 时为点动，一直按着 SB$_2$ 能转换为全压运行，但手一松开 SB$_2$，KM$_1$、KT、KM$_2$ 同时释放。此故障原因为 KM$_1$ 自锁回路断路。解决方法是更换交流接触器 KM$_1$ 自锁常开触点。

⑤ 按住启动按钮 SB$_2$ 不放手，只有时间继电器 KT 线圈吸合，经 KT 延时后直接全压运行。此故障原因为降压启动交流接触器 KM$_1$ 线圈断路。因降压启动交流接触器 KM$_1$ 线圈断路，会出现没有降压启动环节，同时控制线路自锁不了，因按住启动按钮 SB$_2$ 一直没放手，按住时间大于时间继电器 KT 的延时时间，当 KT 延时动作后，全压运行交流接触器 KM$_2$ 线圈吸合动作，电动机直接全压运行。排除方法是更换交流接触器 KM$_1$ 线圈。

⑥ 按下启动按钮 SB$_2$ 无任何反应（控制回路电源正常）。此故障原因为停止按钮 SB$_1$ 断路；启动按钮 SB$_2$ 损坏；热继电器 FR 常闭触点损坏。排除方法是检查上述三处是否正常，查出故障后，更换故障元器件。

2.4 定子绕组串联电阻启动自动控制电路维修技巧(二)

1. 工作原理

图 2.4 所示是另一种定子绕组串联电阻启动自动控制电路。首先将主回路断路器 QF$_1$、控制回路断路器 QF$_2$ 合上，电源指示灯 HL$_1$ 亮，说明电源已有电。

启动时，按下启动按钮 SB$_2$，启动用交流接触器 KM$_1$、时间继电器 KT 线圈均得电吸合且 KM$_1$ 自锁，同时 KM$_1$ 三相主触点闭合，电动机定子绕组串入启动电阻 R 进行启动，同时指示灯 HL$_1$ 灭、HL$_2$ 亮，说明电动机正在进行降压启动；经时间继电器 KT 一定延时后，KT 延时闭合的常开触点闭合，接通了全压运行交流接触器 KM$_2$ 线圈电源，KM$_2$ 线圈得

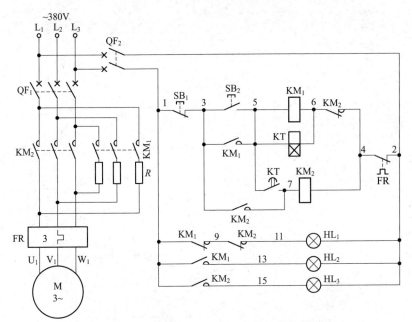

图 2.4 定子绕组串联电阻启动自动控制电路(二)

电吸合且自锁,KM₂ 串联在 KM₁、KT 线圈回路中的辅助常闭触点断开,使 KM₁、KT 线圈断电,退出运行,以达到节电目的;同时 KM₂ 三相主触点闭合,将 KM₁、R 短接起来,电动机由电阻降压启动变为全压运行,同时指示灯 HL₂ 灭、HL₃ 亮,说明电动机启动结束,投入全压运行了。

2. 故障原因及排除方法

① 降压启动完毕后,时间继电器 KT、交流接触器 KM₁ 线圈吸合不释放。此故障原因为全压运行交流接触器 KM₂ 串接在时间继电器 KT、交流接触器 KM₁ 线圈回路中的辅助常闭触点熔焊断不开。排除方法是更换 KM₂ 辅助常闭触点。

② 按下启动按钮 SB₂,降压启动正常,但转换到全压运行时立即停止。此故障原因为全压运行交流接触器 KM₂ 自锁回路断路。排除方法是更换 KM₂ 自锁常开触点。

③ 按下启动按钮 SB₂ 后,一直为降压启动状态,转换不到全压运行。此故障原因为延时转换时间继电器 KT 的常开触点损坏而闭合不了;时间继电器 KT 线圈断路。排除方法是观察配电箱内电气元件动作情况,若时间继电器 KT 动作且延时,则为 KT 延时触点故障;若时间继电器 KT 不动作,则为时间继电器 KT 线圈断路。检查出原因后,更换故障器件即可。

2.5 用两只接触器完成丫-△降压自动启动控制电路维修技巧

1. 工作原理

在通常的丫-△启动电路中,一般采用三只交流接触器来进行控制。本电路采用两只交流接触器完成丫-△降压自动启动控制,如图 2.5 所示,合上断路器 QF$_1$、QF$_2$,电源指示灯 HL$_1$ 亮,说明电路有电。

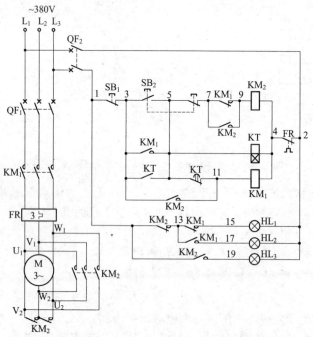

图 2.5 用两只接触器完成丫-△降压自动启动控制电路

启动时,按下启动按钮 SB$_2$,交流接触器 KM$_1$、时间继电器 KT 线圈得电吸合且 KM$_1$ 常开触点闭合自锁,KM$_1$ 三相主触点闭合提供三相电源,由于交流接触器 KM$_2$ 未工作,其 KM$_2$ 常闭触点仍闭合组成丫点,电动机丫形启动,同时指示灯 HL$_1$ 灭、HL$_2$ 亮,说明电动机正在进行降压启动。经过时间继电器 KT 延时后,KT 延时断开的常闭触点断开,切断了交流接触器 KM$_1$ 线圈电源,从而使 KM$_1$ 三相主触点断开,此时电动机瞬间脱离电源靠惯性继续运转,为什么这样做? 就是为了保证△形交流接触器 KM$_2$ 能可靠地分断(常闭触点)和接通(常开触点),不至于在转换过程中发生短路事故。由于 KM_1 线圈失电释放，KM_1 串联在 KM_2 线圈回路中的常闭触点闭合，此时 KT 延时闭合的常开触点闭合且自锁，交流接触器 KM_2 线圈得电吸合且自锁，KM_2 作为电动机丫点的常闭触点断开，三相常开主触点闭合，连接成△形电路，KM_2 辅助常开触点闭合，接通了电动机电源交流接触器 KM_1 线圈回路电源，这样，KM_1、KM_2 各自的三相主触点均闭合，电动机由丫形接法自动转换为△形接法，电动机启动完毕而正常运转，此时指示灯 HL_2 灭、HL_3 亮，说明电动机已全压运行了。

2. 常见故障及排除方法

① 丫形启动正常，但△形转换不上，电动机停止工作。观察配电箱内只有时间继电器 KT 仍吸合着。从原理图中可以分析出，在丫形启动后，若 KM_1 线圈能断电释放，说明时间继电器 KT 动作正常，而 KM_2 线圈不动作又是不能进行△形运转的主要原因。重点检查启动按钮 SB_2 常闭触点是否损坏；KM_2 线圈是否断路；KM_1 常闭触点是否接触不良或断路。故障排除方法是通过对上述已确定的故障部位进行检查并加以排除后，使交流接触器 KM_2 线圈动作，再用 KM_2 常开触点接通 KM_1 线圈，这样 $KM_1 + KM_2 + KT$ 组成△形运转。

② 控制回路丫-△启动一切正常，主回路丫形启动正常，但转换过程中断路器 QF_1 跳闸动作。此故障原因为丫点接触器 KM_2 常闭触点容量小，出现熔焊而断不开，从而造成主回路短路。故障排除方法是用万用表检查丫点常闭触点是否正常，若不正常则更换。

③ 电动机启动正常，但工作一会儿就自动停止，而待一会儿又能进行启动操作。此故障原因可能是电动机过载或热继电器 FR 电流设置不对。首先观察热继电器 FR 设置是否正确，应对应电动机额定电流的 $0.95 \sim 1.05$ 倍，然后用钳形电流表测量电动机电流是否正常，若电流大于额定电流，则为电动机过载了，需停机找出过载原因并加以排除。

2.6 自耦变压器手动控制降压启动电路维修技巧

1. 工作原理

图 2.6 所示电路是采用按钮开关来完成的手动自耦变压器降压启动控制。该电路在启动后人为再按下运转按钮时电动机进入△形正常运转。将断路器 QF_1、QF_2 合上，电源指示灯 HL_1 亮，说明电源有电。

启动时，按下降压启动按钮 SB_2，交流接触器 KM_2 线圈得电吸合且自

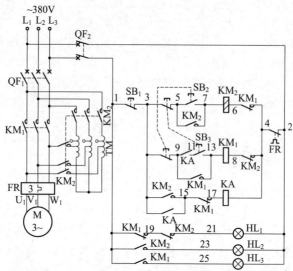

图 2.6 自耦变压器手动控制降压启动电路

锁,KM$_2$ 主触点闭合,串入自耦变压器 TM 降压启动,同时指示灯 HL$_1$ 灭、HL$_2$ 亮,说明电动机正在进行降压启动。由于 KM$_2$ 吸合,KM$_2$ 串联在中间继电器 KA 线圈回路中的常开触点闭合使 KA 吸合且自锁。KA 的作用是防止误按 SB$_3$ 按钮直接启动电动机。KA 串联在 SB$_3$ 按钮回路中的常开触点闭合,为转换△形正常运转做准备。此时,电动机降压启动。

当根据经验或在实际启动时间后按下△形运转按钮 SB$_3$,SB$_3$ 的一组常闭触点断开,切断了交流接触器 KM$_2$ 线圈回路电源,KM$_1$ 主触点断开,使自耦变压器退出。同时 SB$_3$ 另一组常开触点闭合,接通了交流接触器 KM$_1$ 线圈回路电源,KM$_1$ 三相主触点闭合,电动机得电△形全压正常运转,同时指示灯 HL$_2$ 灭、HL$_3$ 亮,说明电动机已启动结束,进入全压运转了。当 KM$_1$ 线圈吸合后,KM$_1$ 串联在中间继电器 KA 线圈回路中的常闭触点断开,使 KA 线圈断电释放,KA 串联在全压△形运转按钮 SB$_3$ 回路中的常开触点断开,用来防止误操作该按钮而出现直接全压启动问题。

2. 常见故障及排除方法

① 降压启动很困难。主要原因是负载较重使电动机输入电压偏低从而造成启动力矩不够。可通过改变自耦变压器 TM 80％抽头以提高启动力矩,故障即可排除。

② 自耦变压器 TM 冒烟或烧毁。可能原因是自耦变压器容量选得过小不配套;降压启动时间过长或过于频繁。检查自耦变压器是否过小,

若是过小,则更换配套产品;缩短启动时间,减少操作次数。

③ 全压运行时,按下 SB₃ 按钮无反应,中间继电器 KA 线圈吸合。根据上述情况结合电气原理图分析故障,如图 2.7 所示,可用测电笔逐一检查,找出故障点并加以排除。

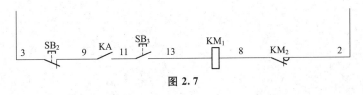

图 2.7

④ 降压启动时,按下启动按钮 SB₂ 后松手,电动机即停止。根据故障情况分析,故障原因为 KM₂ 缺少自锁回路。用测电笔检查 KM₂ 自锁回路常开触点是否能闭合,以及相关连线是否脱落松动,找出原因后加以处理。

⑤ 降压启动正常,但转为△形全压运行时,电动机停转无反应。从故障情况看为交流接触器 KM₁ 三相主触点断路所致。检查并更换 KM₁ 主触点后故障即可排除。

⑥ 降压启动正常,但转为△形全压运转时断路器 QF₁ 跳闸。从原理图上分析,可能是△形全压运行方向错了,也就是降压启动时为顺转,而△形全压运行为逆转。检查配电箱中接线是否有误,若接线有误,重新调换恢复接线后故障排除。

2.7 自耦变压器自动控制降压启动电路维修技巧

1. 工作原理

图 2.8 所示为自耦变压器自动控制降压启动电路。合上断路器 QF₁、QF₂,指示灯 HL₁ 亮,说明电源正常。

启动时,按下启动按钮 SB₂,降压交流接触器 KM₁ 线圈得电吸合且自锁,KM₁ 三相主触点闭合将自耦变压器 TM 串入电动机电源回路,电动机降压启动,与此同时,指示灯 HL₁ 灭、HL₂ 亮,说明电动机正在进行降压启动;同时,时间继电器线圈 KT 得电吸合并开始延时,经过设定时间后,KT 延时断开的常闭触点切断降压交流接触器 KM₁ 线圈电路,使自耦变压器退出启动,KT 延时闭合的常开触点闭合,接通全压交流接触器 KM₂ 线圈电源,KM₂ 三相主触点闭合,电动机转为全压运行,同时指示灯 HL₂ 灭、HL₃ 亮,说明电动机已全压运行了。

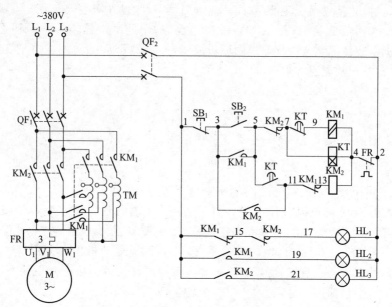

图 2.8   自耦变压器自动控制降压启动电路

停止时,按下停止按钮 SB_1,全压交流接触器 KM_2 线圈断电释放,其三相主触点断开,电动机失电停止运转,同时指示灯 HL_3 灭、HL_1 亮,说明电动机已停止运行了。

2.常见故障及排除方法

① 启动时一直为降压状态,无法转换为正常运转。从配电箱内电气元件动作情况发现,时间继电器 KT 未工作。从原理图中可以分析出,当启动时按下启动按钮 SB_2,降压交流接触器 KM_1 和时间继电器 KT 线圈均得电吸合且 KM_1 自锁,KM_1 主触点闭合,电动机接入自耦变压器进行降压启动;但由于时间继电器 KT 线圈不工作,KT 得电延时断开的常闭触点无法切断 KM_1 线圈电源,也就是无法使自耦变压器 TM 退出启动,使电动机一直处于启动状态;同时 KT 得电延时闭合的常开触点也无法接通 KM_2 线圈回路电源,也就是说,电动机无法进入全压运行,所以,电动机只能处于长时间启动而无法全压运行。检查时间继电器 KT 线圈是否损坏;检查串联在时间继电器 KT 线圈回路中的常闭触点是否断路,更换上述故障器件后电路工作正常。

② 按下启动按钮 SB_2,电动机启动正常,待启动完毕后电路立即停止下来而无法进入全压运行。从电路原理图中可以分析出,当按下启动按

钮 SB$_2$ 后，交流接触器 KM$_1$ 和时间继电器 KT 线圈均得电工作，KM$_1$ 主触点闭合，电动机通过自耦变压器降压启动；待经 KT 延时后，KT 延时断开的常闭触点断开，切断了 KM$_1$ 线圈回路电源，KM$_1$ 三相主触点断开，切断了自耦变压器回路电源，使电动机启动完毕，但由于 KM$_2$ 不工作才会出现上述现象。其故障原因为 KT 延时闭合的常开触点损坏；KM$_2$ 线圈断路；KM$_1$ 串联在 KM$_2$ 线圈回路中的常闭触点损坏，如图 2.9 所示。

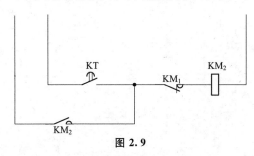

图 2.9

若降压启动完毕后能瞬间全压运行一下又停止，则故障为自锁触点 KM$_2$ 损坏所致。用万用表检查上述各器件，找出故障器件，更换后即可解决。

2.8 Y-△降压启动手动控制电路维修技巧

1. 工作原理

图 2.10 所示为 Y-△降压启动手动控制电路，合上断路器 QF$_1$、QF$_2$，指示灯 HL$_1$ 亮，说明电路电源正常。

启动时，按下启动按钮 SB$_2$，交流接触器 KM$_1$、Y 点交流接触器 KM$_3$ 得电吸合且 KM$_1$ 自锁，电动机进行 Y 形降压启动，此时指示灯 HL$_1$ 灭、HL$_2$ 亮，说明电动机正在进行降压启动；当转速达到（或接近）额定转速时，按下△形运转按钮 SB$_3$，SB$_3$ 常闭触点断开 Y 点接触器 KM$_3$ 线圈电源，KM$_3$ 断电释放，KM$_3$ 常闭触点恢复常闭为△形接触器线圈工作做准备，由于此时 SB$_3$ 常开触点已闭合，所以△形交流接触器 KM$_2$ 线圈得电吸合且自锁，电动机进入△形全压正常运转，同时指示灯 HL$_2$ 灭、HL$_3$ 亮，说明电动机已转入全压运转了。

2. 常见故障及排除方法

① 按下 Y 形启动按钮 SB$_2$，只有交流接触器 KM$_1$ 线圈吸合工作，电

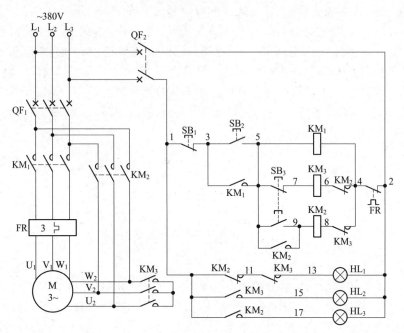

图 2.10　Y-△降压启动手动控制电路

动机无反应不进行Y 形启动;紧接着按下△形运转按钮 SB₃,交流接触器 KM₂ 吸合工作,电动机直接全压启动。此故障为Y 点交流接触器 KM₃ 未吸合所致,重点检查 SB₃ 按钮常闭触点是否断路,交流接触器 KM₃ 线圈是否断路,交流接触器 KM₂ 互锁常闭触点是否断路。只要故障排除后,Y 点交流接触器 KM₃ 能吸合工作,电路即能恢复正常工作。

② 按下Y 形启动按钮 SB₂,电源交流接触器 KM₁、Y 点交流接触器 KM₃ 得电吸合,电动机Y 形启动。按下△形运转按钮 SB₃ 时,转为△形运转,但手一松开△形运转按钮 SB₃,又由△形运转转为Y 形启动。此故障为△形交流接触器 KM₂ 自锁触点断路所致。重点检查△形交流接触器 KM₂ 辅助常开触点,更换故障器件,电路恢复正常。

2.9　Y-△降压启动自动控制电路维修技巧

1. 工作原理

Y-△降压启动自动控制电路如图 2.11 所示。首先合上主回路断路

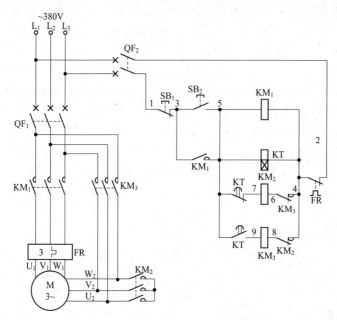

图 2.11 丫-△降压启动自动控制电路

器 QF$_1$、控制回路断路器 QF$_2$,为电路工作提供准备条件。

启动时,按下启动按钮 SB$_2$(3-5),电源交流接触器 KM$_1$、得电延时时间继电器 KT 线圈得电吸合且 KM$_1$ 辅助常开触点(3-5)闭合自锁,同时 KT 开始延时;接通丫形启动交流接触器 KM$_2$ 线圈回路电源,KM$_2$ 线圈得电吸合。在交流接触器 KM$_1$、KM$_2$ 线圈得电吸合后,KM$_1$、KM$_2$ 各自的三相主触点闭合,电动机绕组得电接成丫形进行降压启动。经 KT 延时后,KT 的一组得电延时断开的常闭触点(5-7)先断开,切断了丫形交流接触器 KM$_2$ 线圈回路电源,KM$_2$ 线圈断电释放,KM$_2$ 三相主触点断开,电动机绕组丫点解除;与此同时,KT 的另一组得电延时闭合的常开触点(5-9)闭合,接通了△形运转交流接触器 KM$_3$ 线圈回路电源,KM$_3$ 三相主触点闭合,电动机绕组由丫形改接成△形全压运转。至此整个丫-△启动结束,完成由丫形启动到△形运转的自动控制。

停止时,按下停止按钮 SB$_1$(1-3),电源交流接触器 KM$_1$、△形运转交流接触器 KM$_3$、得电延时时间继电器 KT 线圈均断电释放,KM$_1$、KM$_3$ 各自的三相主触点断开,电动机失电停止运转。

2. 常见故障及排除方法

① 按启动按钮 SB$_2$,电动机一直处于降压启动状态而不能转为自动

全压运行。观察配电箱内电气动作情况,发现 KM_1、KM_2 线圈吸合时,时间继电器 KT 线圈不吸合。从原理图分析可知,当启动时按动按钮 SB_2(3-5)后,交流接触器 KM_1、KM_2 和时间继电器 KT 线圈均吸合且 KM_1 辅助常开触点(3-5)闭合自锁,KM_1、KM_2 三相主触点闭合,电动机Y 形降压启动,经 KT 延时后,KT 延时断开的常闭触点(5-7)断开,切断了Y点接触器 KM_2 线圈回路电源,同时 KT 延时闭合的常开触点(5-9)闭合,接通了△形接触器 KM_3 线圈回路电源,电动机△形全压运转。根据以上情况分析,故障就是时间继电器 KT 线圈断路而不能吸合所致,因 KT 线圈不工作,交流接触器 KM_1、KM_2 线圈一直吸合,电动机会一直处于降压启动状态。检查 KT 线圈电路,重点检查 KT 线圈是否断路,若断路,更换一只同型号的 KT 线圈,电路即可恢复正常。

　② 按启动按钮 SB_2(3-5)后,电动机Y 形降压启动正常,但转换不到△形运转,电动机不能得到全压电源而停止。此故障可根据配电箱内电气动作情况加以分析,若按动 SB_2(3-5)后,只要关键元件时间继电器 KT 能吸合转换,经 KT 延时后,KT 延时断开的常闭触点(5-7)断开使 KM_2 线圈断电释放,KT 延时闭合的常开触点(5-9)闭合,使 KM_3 线圈得电吸合,就能实现Y -△切换。但按动 SB_2,KT 线圈吸合工作,经延时后,KM_2 线圈断电释放,而 KM_3 线圈不工作。根据上述情况确定故障为:时间继电器 KT 延时闭合的常开触点(5-9)损坏;交流接触器 KM_3 线圈烧毁断路。可用万用表检查上述两个电气元件找出故障点并排除。按动 SB_2(3-5)后,若交流接触器 KM_2、KM_3 线圈能转换工作,而电动机在Y 形启动后不能转换成△形运转而停止工作,则故障为交流接触器 KM_2 三相主触点不能可靠闭合,检查更换 KM_2 三相主触点即可排除此故障。

2.10　频敏变阻器启动控制电路维修技巧

1. 工作原理

　频敏变阻器启动控制电路如图 2.12 所示。合上主回路断路器 QF_1、控制回路断路器 QF_2,电源指示灯 HL_1 亮,说明电源正常。

　启动时,按下启动按钮 SB_2(3-5),交流接触器 KM_1、得电延时时间继电器 KT 线圈得电吸合且 KM_1 辅助常开触点(3-5)闭合自锁,KM_1 三相主触点闭合,电动机串入频敏变阻器 RF 启动;与此同时,得电延时时间继电器 KT 开始延时。同时,KM_1 辅助常闭触点(1-13)断开,指示灯

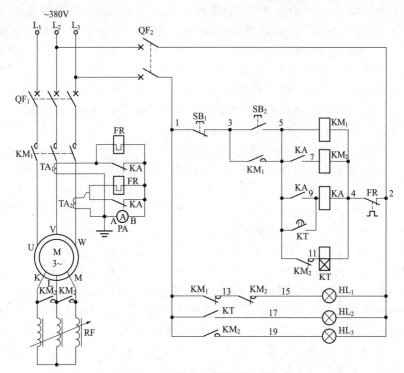

图 2.12 频敏变阻器启动控制电路

HL_1 灭,KT 延时瞬动常开触点(1-17)闭合,接通指示灯 HL_2 电源,HL_2 被点亮,说明电动机正在进行启动。在 KT 延时时间内,电动机的转速逐渐增加,当达到正常额定转速时,正好是 KT 的延时时间,这时 KT 延时闭合的常开触点(5-9)闭合,接通了中间继电器 KA 线圈电源,KA 线圈得电吸合且 KA 常开触点断开,使热元件投入电路进行过载保护;同时,KA 常开触点(5-7)闭合,接通交流接触器 KM_2 线圈电源,KM_2 三相主触点闭合,将频敏变阻器 RF 短接了起来,使其退出运行。在 KM_2 得电吸合的同时,KM_2 串联在 KT 线圈回路中的常闭触点(5-11)断开,切断 KT 线圈电源,使其断电释放,KA 瞬动常开触点(1-17)断开,指示灯 HL_2 灭;KM_2 常开触点(1-19)闭合,接通指示灯 HL_3 电源,HL_3 亮,说明电动机已启动完毕转入正常全压运行了。电路中 KT 的延时时间可根据实际情况确定。

2.常见故障及排除方法

① 按下启动按钮 SB_2 时,无频敏变阻器降压而直接全压启动。观察

配电箱内电器元件的动作情况,在按下启动按钮 SB_2 时,交流接触器 KM_1、时间继电器 KT 瞬间吸合又断开,使中间继电器 KA、交流接触器 KM_2 线圈均得电吸合工作,由于交流接触器 KM_1、KM_2 同时吸合,那么 KM_2 主触点将频敏变阻器短接了起来,电动机就会直接全压启动了。分析上述电器元件动作情况可知,时间继电器 KT 线圈瞬间吸合又断开,说明时间继电器 KT 动作正常,可能是 KT 延时时间过短所致。重新调整时间继电器 KT 的延时时间,故障即可排除。

② 按下启动按钮 SB_2,电动机一直处于降压启动状态,而无法正常全压运行。观察配电箱内电器元件的动作情况,此时交流接触器 KM_1、时间继电器 KT 线圈一直吸合,经过很长时间 KT 也不转换,进入不了全压控制。根据上述情况,故障原因为时间继电器 KT 损坏所致,更换一只新的时间继电器并重新调整其延时时间即可解决。

③ 按下启动按钮 SB_2,电动机一直处于降压启动状态。观察配电箱内电器元件的动作情况,在按下启动按钮 SB_2 时,交流接触器 KM_1、时间继电器 KT 线圈得电吸合且 KM 自锁,经延时后,KT 触点转换,中间继电器 KA 吸合且自锁,但接通不了交流接触器 KM_2 线圈,也断不了时间继电器 KT 线圈。分析元器件动作情况可知,故障原因为 KM_2 线圈断路;KA 常开触点断路,如图 2.13 所示。用短接法或用万用表测量相关电器元件是否损坏,若损坏则更换新品。

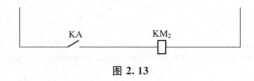

图 2.13

2.11　用时间继电器控制自耦变压器完成自动启动电路维修技巧

1. 工作原理

用时间继电器控制自耦变压器完成自动启动电路如图 2.14 所示。

启动时只要按下启动按钮 SB_2,交流接触器 KM_1 线圈得电吸合,KM_16 对主触点闭合,主电路中串入自耦变压器进行降压启动,经过一段时间后,当电动机达到额定转速后,时间继电器 KT 动作,KT 断开 KM_1 线圈电源,KM_1 线圈断电释放,KM_16 对主触点断开,自耦变压器 TM 退出运行,同时交流接触器 KM$_2$ 线圈得电,其主触点闭合电动机在全压下正常运转。停止时按下 SB$_1$ 停止按钮,KM$_2$ 线圈断电释放,主触点断开,电动机失电停止运转。为了保证电路正常工作,将原电路图中的自锁触点 KM$_1$ 换成了 KT 时间继电器不延时瞬动常开触点作为自锁触点。

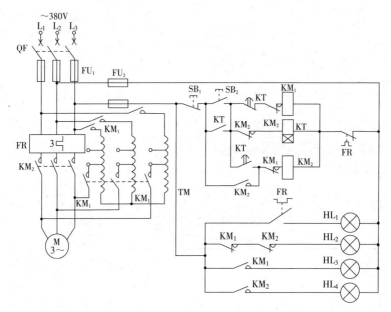

图 2.14 用时间继电器控制自耦变压器完成自动启动电路

2. 常见故障及排除方法

本电路的常见故障及排除方法见表 2.1。

表 2.1 常见故障及排除方法

故障现象	原 因	排除方法
• 启动时,电动机转得比较吃力	• 电动机启动力矩不够,改变一下 TM 自耦降压启动器抽头	• 调整抽头,重试
• 按下按钮 SB$_2$ 时,KM$_1$ 吸合,但转换不到正常运转,(△接)过一段时间后无反应	1. KT 时间继电器延时闭合的常开触点接触不上 2. KM$_1$ 常闭触点断路 3. KM$_2$ 线圈断路	1. 更换 KT 延时常开触点 2. 更换 KM$_1$ 常闭触点 3. 更换 KM$_2$ 线圈
• 按下按钮 SB$_2$,只有时间继电器 KT 线圈吸合且自锁,其他器件不动作	• 此故障为 KT 时间继电器延时断开的常闭触点和延时闭合的常开触点同时损坏而致	• 更换 KT 时间继电器延时触点

故障现象	原 因	排除方法
• 按下按钮 SB_2，降压启动为点动，即按下 SB_2 时电动机降压启动，松开 SB_2 时即停止	1.KT 不延时自锁触点断路 2.KM_2 常闭触点(串联在 KT 线圈电路中)接触不良 3.KT 线圈断路	1. 更换 KT 不延时触点 2. 更换 KM_2 常闭触点 3. 更换 KT 线圈
• 按下按钮 SB_2 时，降压启动正常，但转换到正常时速度能提升但即停止(转换不上，电路不过载)，好像正常运转锁不住	• KM_2 辅助常开触点接触不良或断路造成不能自锁	• 更换 KM_2 常开触点
• 过载指示灯 HL_1 亮	• 电动机过载	• 检查过载原因并加以修复
• 按下按钮 SB_2，熔断器 FU_2 即熔断	1.KM_1 线圈短路 2.KT 线圈短路 3.接线错误	1. 更换 KM_1 线圈 2. 更换 KT 线圈 3. 纠正错误,正确接线
• 按下按钮 SB_2，FU_1 熔断器即熔断	1.主回路存在短路 2.电动机烧毁 3.FU_1 熔断器熔芯太小	1. 检查主回路排除短路故障 2. 修复电动机 3. 按电流正确选熔芯

2.12 延边△形降压启动电路维修技巧

1. 工作原理

图 2.15 所示是一例效果理想的延边△形降压启动电路。

启动时，按下启动按钮 SB_2，交流接触器 KM_1、KM_3、得电延时时间继电器 KT 线圈得电动作，其 KM_1 常开辅助触点闭合自锁，KM_1、KM_3 各自的三级主触点闭合，电动机绕组接成延边△形降压启动。当得电延时时间继电器 KT 达到整定时间后，延时断开的常闭触点断开，使交流接触器 KM_3 断电释放，KM_3 三组主触点断开，KM_3 常闭辅助触点闭合。同时，KT 得电延时闭合的常开触点闭合，KM_2 线圈得电动作，其常开辅助触点闭合自锁，KM_2 三相主触点闭合，电动机绕组由延边△形转换为△形接法，电动机正常运转，从而完成启动过程。

2. 常见故障及排除方法

本电路的常见故障及排除方法见表2.2。

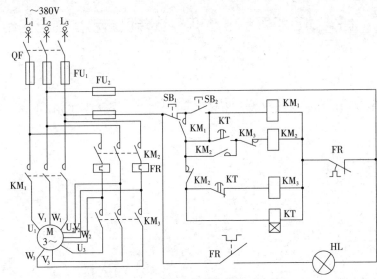

图 2.15 延边三角形降压启动电路

表 2.2 常见故障及排除方法

故障现象	原 因	排除方法
• 按下延边△形启动按钮 SB₂,交流接触器 KM₁、KM₃ 吸合且 KM₁ 能自锁,但时间继电器 KT 线圈不吸合	• KT 线圈损坏	• 更换 KT 时间继电器
• 过载灯 HL 亮	• FR 过载动作了	• 用手动方式使其复位,并检查过载原因
• 按下按钮 SB₂ 无反应	1. FU₂ 损坏或熔断 2. 按钮 SB₂ 损坏 3. 按钮 SB₁ 损坏 4. KM₁ 线圈断路 5. FR 常闭触点损坏	1. 更换或修复熔丝 2. 更换按钮 SB₂ 3. 更换按钮 SB₁ 4. 更换 KM₁ 线圈 5. 更换热继电器 FR
• 延边△形启动正常,但不能自动转换为△形运转(注意:时间继电器线圈吸合了)	1. KT 延时闭合的常开触点损坏 2. KM₃ 常闭触点闭合不了 3. KM₂ 线圈断路	1. 更换 KT 触点 2. 更换 KM₃ 触点 3. 更换 KM₂ 线圈
• 按下 SB₂、KM₁、KT 能吸合,但 KM₃ 无反应	• KT 延时断开的常闭触点接触不良或断路	• 更换 KT 常闭触点
• 延边△形启动时与△形运转方向相反	• 接线错误	• 纠正接线,使其方向一致

2.13 鼠笼式三相异步电动机丫-△转换启动控制电路维修技巧

1. 工作原理

图2.16所示为鼠笼式三相异步电动机丫-△转换启动控制电路。

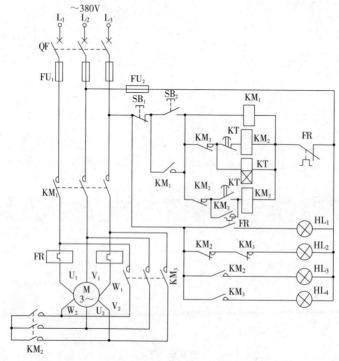

图2.16 鼠笼式三相异步电动机丫-△转换启动控制电路

通常在启动电动机时,先合上刀闸开关 QS,按下按钮 SB_2,接触器 KM_1 得电吸合,接触器自锁。丫形交流接触器线圈 KM_2 和得电延时时间继电器线圈 KT 保持通电,常开主触点 KM_2 接通,电动机接成丫形启动。同时常闭辅助触点 KM_2 分断,使△形运行的接触器线圈 KM_3 互锁不能工作。待时间继电器延时到一定时间后(时间继电器的延时时间可由电动机的容量和启动时负载的情况来调整),时间继电器 KT 的延时常闭触点和常开触点分别动作,使 KM_2 线圈断电,KM_3 线圈通电,并使其常开触点自锁,将电动机接成△形运行,常闭辅助触点 KM_3 断开,切断了线圈 KT 和 KM_2 电源,使其不能工作,起到互锁作用。

2. 常见故障及排除方法

本电路的常见故障及排除方法见表 2.3。

表 2.3 常见故障及排除方法

故障现象	原 因	排除方法
• 丫形启动正常,经 KT 延时后,KM_2 线圈断电释放,电动机不能转换成△形而停止	1. KT 延时闭合的常开触点接触不良或损坏 2. KM_2 常闭触点接触不良 3. KM_3 线圈断路	1. 更换 KT 常开触点 2. 更换 KM_2 常闭触点 3. 更换 KM_3 线圈
• 丫形启动正常,经 KT 延时后△接瞬时动作一下便停止了	• KM_3 自锁触点断路	• 更换 KM_3 自锁触点
• 丫形、△形均缺相	• 电源及 L_1 相电路缺相	• 检查从 A 相电源到电动机,并排除缺相故障
• 按下启动按钮 SB_2 成为点动	1. KM_1 自锁回路连线脱落 2. KM_1 自锁触点断路	1. 重新接线 2. 更换 KM_1 自锁触点
• 指示灯 HL_1 点亮	• 电动机过载了	• 检查过载原因并用手动方式使 FR 复位
• 按下 SB_2,KM_1、KM_2 得电吸合且 KM_1 自锁,KT 线圈无反应,电动机一直处于丫形启动而无法转换成△形	• KT 线圈断路	• 更换 KT 线圈
• 按下 SB_1 停不了车	• 按钮 SB_1 短路	• 更换 SB_1 按钮
• 按下 SB_2 无反应	控制回路有电时 1. SB_1 损坏 2. SB_2 损坏 3. FR 常闭触点断路	1. 更换按钮 SB_1 2. 更换按钮 SB_2 3. 更换 FR 热继电器
• 按下 SB_2,KT、KM_1 动作,但 KM_2 不动作,无法丫形启动	1. KT 延时断开的常闭触点接触不良 2. KM_2 线圈断路	1. 更换 KT 常闭触点 2. 更换 KM_2 线圈
• 按下 SB_2,KM_1 自身吸合自锁,但 KM_2、KT 不工作	• KM_3 串联在 KM_2、KT 线圈回路中的常闭互锁触点断路	• 更换 KM_3 常闭触点

2.14 用得电延时时间继电器完成自动转换Y-△启动电路维修技巧

1.工作原理

用得电延时时间继电器完成自动转换Y-△启动电路如图 2.17 所示。

按下启动按钮 SB₂,电动机启动后,时间继电器常闭触点断开,使 KM₂ 线圈断电释放,同时由于 KM₂ 线圈的释放又接通了 KM₃ 线圈回路电源,KM₃ 线圈得电吸合,电动机改为△形运行。

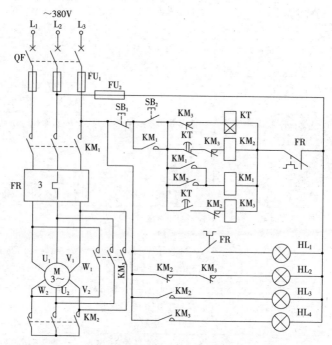

图 2.17　用得电延时时间继电器完成自动转换Y-△启动电路

2.常见故障及排除方法

本电路的常见故障及排除方法见表 2.4。

表2.4 常见故障及排除方法

故障现象	原 因	排除方法
• 丫形启动与△形运转方向不一致	• 接线错误	• 纠正接线
• QF 合不上(电路未工作前)	• QF 损坏	• 更换或修复 QF
• 过载灯 HL$_1$ 亮	• FR 过载了	• 手动使 FR 复位
• 丫形缺相,△形正常	• 丫形变尾处缺一相	• 修复缺相
• 不能自动转换成△运行	1. KT 线圈断路 2. KT 常闭触点断不开 3. KM$_2$ 常闭触点闭合不了 4. KM$_1$ 常开触点闭合不了 5. KM$_2$ 常开触点闭合不了 6. KT 延时闭合的常开触点闭合不了 7. KM$_3$ 线圈断路	1. 更换 KT 线圈 2. 更换 KT 触点 3. 更换 KM$_2$ 触点 4. 更换 KM$_1$ 触点 5. 更换 KM$_2$ 触点 6. 更换 KT 触点 7. 更换 KM$_3$ 线圈
• 按下按钮 SB$_2$,丫形启动无反应,延时后,突然△形启动	1. KT 延时断开的常闭触点接触不良 2. KM$_3$ 常闭触点损坏 3. KM$_2$ 线圈断路 4. KM$_2$ 三相主触点断路不通 5. KM$_2$ 三相主触点连线松动或接触不良	1. 更换 KT 触点 2. 更换 KM$_3$ 触点 3. 更换 KM$_2$ 线圈 4. 更换 KM$_2$ 主触点 5. 恢复接线
• 按下 SB$_2$ 无反应,控制回路不工作	1. SB$_1$ 损坏 2. QF 损坏 3. FU$_2$ 损坏 4. FU$_1$ 损坏 5. SB$_2$ 损坏 6. KM$_3$ 常闭触点损坏 7. KM$_1$ 线圈断路 8. 热继电器常闭触点接触不良	1. 更换按钮 SB$_1$ 2. 更换 QF 断路器 3. 恢复 FU$_2$ 熔断器 4. 恢复 FU$_1$ 熔断器 5. 更换按钮 SB$_2$ 6. 更换 KM$_3$ 触点 7. 更换 KM$_1$ 线圈 8. 更换热继电器 FR
• 按下 SB$_2$ 控制电路工作正常,但 Y、△主电路均不工作	1. KM$_1$ 三相主触点断路 2. 热继电器二相热元件断路	1. 更换 KM$_1$ 主触点 2. 更换 FR 热继电器

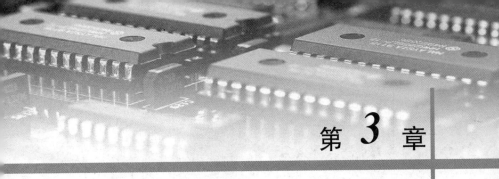

第 3 章

电动机制动控制电路维修

3.1 直流能耗制动控制电路维修技巧

1. 工作原理

直流能耗制动控制电路如图 3.1 所示。启动前先合上主回路断路器 QF_1、控制回路断路器 QF_3 以及制动回路断路器 QF_2。

启动时,按下启动按钮 SB_2,交流接触器 KM_1 线圈得电吸合且自锁,KM_1 三相主触点闭合,电动机得电运转工作,同时 KM_1 辅助常闭触点断开,切断小型灵敏继电器 K 线圈电源,使 K 线圈不能得电吸合,而 KM_1 在制动回路中的辅助常开触点闭合,给电容器 C 充电。

制动时,按下停止按钮 SB_1,交流接触器 KM_1 线圈断电释放,KM_1 三相主触点断开,切断了电动机电源,但电动机仍靠惯性继续转动然后自由停机。由于 KM_1 辅助常闭触点闭合,使电容器 C 放电,接通了小型灵敏继电器 K 线圈回路电源,K 线圈得电吸合,K 串联在制动交流接触器 KM_2 线圈回路中的常开触点闭合,使制动交流接触器 KM_2 线圈得电吸合,KM_2 三相主触点闭合,将直流电源通入电动机绕组内,产生静止磁场,从而使电动机迅速制动停止下来。在交流接触器 KM_1 辅助常闭触点闭合的同时,电容器 C 对小型灵敏继电器 K 线圈(阻值为 3500Ω)开始放电,当电容器 C 上的电压逐渐降低至最小值时(也就是制动延时时间),小型灵敏继电器 K 线圈断电释放,使 KM_2 线圈断路,KM_2 主触点断开,切断直流电源,能耗制动结束。改变电容器 C 的值就改变能耗制动时间。图 3.1 中整流器 VC 选用 4 只反向击穿电压大于 500V 的整流二极

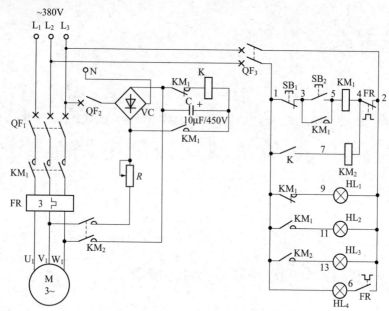

图 3.1 直流能耗制动控制电路

管,其电流则为通过计算得出的所需器件电流(因电动机功率不同,所需制动电流也不相同,需计算得出)。

自由停机时,将制动断路器 QF$_2$ 断开,制动电源被切除,所以当按下停止按钮 SB$_1$ 时,电动机断电后仍靠惯性转动然后自由停止(无制动控制)。

2. 常见故障及排除方法

① 制动断路器 QF$_2$ 合不上,动作跳闸。可能原因是断路器 QF$_2$ 自身损坏;整流二极管击穿短路;小型灵敏继电器 K 线圈短路;电容器 C 击穿短路。对于第 1 个故障,将 QF$_2$ 下端连线拆除,试合 QF$_2$,若能合上则为下端短路,需进一步往下检查故障所在,若仍不能合上,则为断路器 QF$_2$ 自身损坏,更换同类新器件即可;对于第 2 个故障,用万用表检查二极管 VC 是否击穿短路,若正反向阻值都很小则为短路需更换;对于第 3 个故障,用万用表测量 K 线圈电阻,正常时应为3000～3500Ω,若阻值非常小,几乎为零,则为线圈烧毁或短路,更换小型灵敏继电器 K;对于第 4 个故障,用万用表测量电容器充放电情况,若无充放电特性且电阻值为零,则为电容器击穿短路,需换新品。

② 按下启动按钮 SB$_2$ 无反应(控制回路供电正常)。从原理图中可

以看出,造成上述故障原因为启动按钮 SB_2 损坏;停止按钮 SB_1 损坏闭合不了;交流接触器 KM_1 线圈断路;热继电器 FR 控制常闭触点损坏闭合不了或过载跳闸。对于第 1 个故障,可采用短接法试之,若短接启动按钮3、5 两端,KM_1 线圈能吸合,则为按钮 SB_2 损坏,若短接时 KM_1 无反应,则不是启动按钮故障,可能是相关连线脱落或接触不良,可用万用表进一步检查;对于第 2 个故障,用短接法将停止按钮两端 SB_1 短接后,操作启动按钮 SB_2,若 KM_1 线圈能吸合,则为停止按钮 SB_1 损坏,需更换新品;对于第 3 个故障,用万用表欧姆挡检查,结果为无穷大,表示 KM_1 线圈断路;对于第 4 个故障,首先检查热继电器 FR 是否是过载了,若过载则手动复位后查明过载原因,若不是过载则检查热继电器 FR 控制触点是否接错了,还是触点损坏了,并作相应处理。

③ 制动时,小型灵敏继电器 K 线圈吸合,但交流接触器 KM_2 线圈不吸合。其故障原因为小型灵敏继电器 K 常开触点损坏闭合不了;交流接触器 KM_2 线圈断路。对于第 1 个故障,用万用表测量 K 常开触点是否正常,若损坏则更换新品;对于第 2 个故障,用万用表测量 KM_2 线圈阻值,结果为无穷大,则为线圈断路,需更换线圈。

④ 按下启动按钮 SB_2 时为点动。此故障为交流接触器 KM_1 常开自锁触点损坏所致。用万用表测量 KM_1 常开自锁触点是否正常,若不正常,则需更换。

⑤ 启动时,交流接触器 KM_1 线圈吸合,但主回路断路器 QF_1 跳闸。此故障通常为电动机绕组短路所致。重点检查电动机绕组,修复故障即可排除。

⑥ 启动后,KM_1 线圈吸合正常但电动机不转。可能原因是 QF_1 损坏两极;KM_1 三相主触点损坏;热继电器 FR 热元件断路;电动机损坏。对于第 1 个故障,用万用表测断路器 QF_1 是否损坏,若不通,则为损坏需更换;对于第 2 个故障,检查 KM_1 触点是否接触不良或损坏,若接触不良,看能否加以修理,若损坏则需更换。

⑦ 制动时,KM_2 线圈吸合但制动效果差。原因为制动力调节电阻 R 调整不当。重新调整电阻 R,可边调边试直到达到要求为止。

⑧ 制动时无任何制动(KM_2 吸合)反应。除电阻 R 调节不当外,通常为 KM_2 主触点损坏闭合不了。用万用表检查 KM_2 三相主触点是否正常,若损坏则更换。

3.2 电磁抱闸制动控制电路维修技巧(一)

1. 工作原理

电磁抱闸制动控制电路(一)如图 3.2 所示。合上断路器 QF_1、QF_2,指示灯 HL_1 亮,说明电源正常。

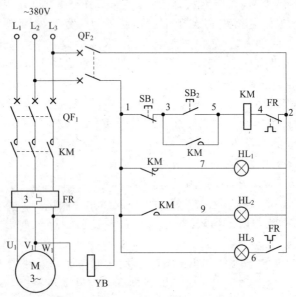

图 3.2　电磁抱闸制动控制电路(一)

按下按钮 SB_2,接触器 KM 线圈得电动作、其主触点闭合,电动机得电运转,同时电磁抱闸的线圈 YB 也得电,静铁心吸引衔铁而闭合,同时衔铁克服弹簧拉力,迫使制动杠杆向上移动,从而使制动器的闸瓦与闸轮松开,电动机正常运转,同时指示灯 HL_1 灭、HL_2 亮,说明电动机运转了。当按下停止按钮 SB_1 时,接触器 KM 线圈断电释放,电动机的电源被切断时,电磁抱闸线圈也同时断电,衔铁释放,在弹簧拉力的作用下使闸瓦紧紧抱住闸轮,电动机就迅速被制动停转,同时指示灯 HL_2 灭、HL_1 亮,说明电动机已停止运转了。

2. 常见故障及排除方法

① 按下启动按钮 SB_2 无反应。故障原因为停止按钮 SB_1 损坏;启动按钮 SB_2 损坏;交流接触器 KM 线圈断路;热继电器 FR 常闭触点断路。用万用表检查各器件,找出故障点,也可用短接法逐一试之,更快捷迅速。

② 电动机启动后,按下停止按钮 SB_1 停止不下来,若长时间按住 SB_1 不放,交流接触器能释放。此故障原因为交流接触器 KM 铁心极面有油污造成衔铁释放缓慢。用细砂布或干布清理一下动、静铁心极面后,故障即可排除。

③ 按下启动按钮 SB_2 时,控制回路保护断路器 QF_2 立即跳闸。故障原因可能是交流接触器 KM 线圈短路所致,更换一只同型号的 KM 线圈,电路恢复正常。

④ 按下停止按钮 SB_1 时,电磁抱闸无反应,电动机断电处于自由停车。此故障原因为电磁抱闸 YB 线圈损坏且主弹簧张力过小所致。更换电磁抱闸 YB 线圈并重新调整主弹簧张力即可排除故障。

3.3 电磁抱闸制动控制电路维修技巧(二)

1. 工作原理

电磁抱闸制动控制电路(二)如图 3.3 所示。合上主回路断路器 QF_1、控制回路断路器 QF_2、制动线圈回路断路器 QF_3,指示灯 HL_1 亮,说明电源正常。

启动时,按下启动按钮 SB_2,交流接触器 KM_1 线圈得电吸合,KM_1 三相主触点闭合,电磁抱闸线圈 YB 先获电,闸瓦先松开闸轮,同时指示灯 HL_2 亮,说明抱闸已松开;由于 KM_1 辅助常开触点闭合使交流接触器 KM_2 线圈得电吸合且自锁,KM_2 三相主触点闭合,电动机得电运转工作,同时指示灯 HL_3 亮,说明电动机已运转了。

停止时,按下停止按钮 SB_1,交流接触器 KM_1、KM_2 线圈断电释放,电动机失电同时在抱闸闸瓦的作用下迅速制动,同时指示灯 HL_2、HL_3 灭,HL_1 亮,说明电动机已断电停止且抱闸制动了。

2. 常见故障及故障排除

① 启动时,交流接触器 KM_1、KM_2 线圈均工作,电磁抱闸 YB 不动作,闸瓦打不开,电动机转不起来。此故障主要原因是空气断路器 QF_3 跳闸了;KM_1 主触点断路损坏。检查上述两个器件,查出故障点并排除即可。

② 按下启动按钮 SB_2,为点动操作无自锁。此故障原因为 KM_2 自锁触点损坏所致。更换 KM_2 自锁触点,故障即可排除。

③ 按下 SB_2 启动按钮为点动操作,电磁抱闸动作正常,但电动机不

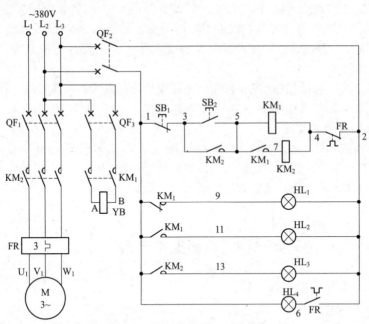

图 3.3 电磁抱闸制动控制电路(二)

转。此故障为交流接触器 KM₂ 线圈不吸合工作所致。检查 KM₂ 线圈是否断路或 KM₁ 辅助常开触点是否损坏。查出原因并更换故障器件,上述故障即可排除。

3.4 全波整流单向能耗制动控制电路维修技巧

1. 工作原理

图 3.4 所示为全波整流单向能耗制动控制电路。

启动时,按下启动按钮 SB₂,交流接触器 KM₁ 线圈得电吸合且自锁,KM₁ 三相主触点闭合,电动机得电启动运转。

自由停机时,轻轻按下停止按钮 SB₁,交流接触器 KM₁ 线圈断电释放,KM₁ 三相主触点断开,电动机失电处于自由停车状态,也就是说,电动机虽然断电但仍在惯性的作用下逐渐缓慢地停止下来。

制动时,将停止按钮 SB₁ 按到底,交流接触器 KM₁ 线圈断电释放,KM₁ 三相主触点断开,电动机失电处于自由停车状态;同时,SB₁ 常开触点闭合,交流接触器 KM₂ 线圈和时间继电器 KT 线圈同时得电吸合且

KM₂、KT 常开触点闭合自锁，KM₂ 三相主触点闭合，接通直流电源，从而使电动机在直流电源的作用下产生静止制动磁场使电动机快速停止下来。经 KT 延时后，自动切断制动控制回路电源，电动机制动过程结束。

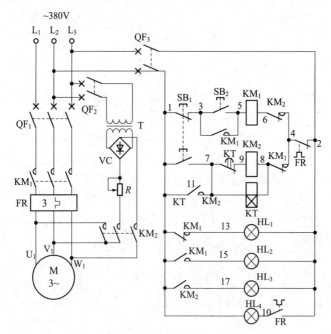

图 3.4 全波整流单向能耗制动控制电路

2. 常见故障及排除方法

① 停机时能瞬间制动（也就是按下按钮的手一松开，制动即消失），若长时间按住停机按钮 SB₁，制动效果很好。从以上情况分析，制动主回路没有问题，故障出在制动延时电路或制动自锁电路，如图 3.5 所示。从图 3.5 可以看出，在制动时（也就是当按下制动停止按钮 SB₁ 时）制动交流接触器 KM₂、时间继电器 KT 线圈得电吸合且 KT、KM₂ 两只串联常开触点同时闭合自锁，KM₂ 主触点闭合接入整流二极管对电动机进行能耗制动，同时 KT 开始延时，当延时至设定时间后（也就是所需要的制动时间），KT 串联在 KM₂ 线圈回路中的延时断开常闭触点断开，切断了 KM₂ 线圈回路电源，KM₂ 线圈断电释放，KM₂ 主触点断开，电动机能耗制动结束。

由于时间继电器 KT 线圈自锁回路故障而造成 KM₂ 不能自锁，造成电动机在制动瞬间工作又停止。检查 KT、KM₂ 自锁触点是否损坏，若损坏则换新品,故障即可排除。

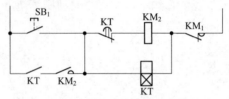

图 3.5　制动延时电路或制动自锁电路

② 制动时间过长、电动机外壳发烫。此故障为时间继电器 KT 延时时间调整过长所致。重新调整 KT 延时时间,故障即可解决。

③ 制动时,控制电路工作正常(KM₂ 线圈能吸合自锁,KT 能延时),但无制动,电动机处于自由停车状态。此故障出在制动主回路中,如图3.6 所示。用万用表检查制动回路保护断路器 QF₂ 是否损坏;变压器 T是否正常;电阻 R 是否烧坏或调整不当;整流桥 VC 是否短路或断路;交流接触器 KM₂ 主回路是否接触不良或损坏。找出故障器件并加以修复,故障即可排除。

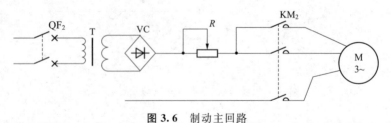

图 3.6　制动主回路

3.5　半波整流单向能耗制动控制电路维修技巧

1. 工作原理

半波整流单向能耗制动控制电路如图 3.7 所示。合上断路器 QF₁、QF₂,指示灯 HL₁ 亮,说明电源正常。

启动时,按下启动按钮 SB₂,交流接触器 KM₁ 线圈得电吸合且自锁,KM₁ 三相主触点闭合,电动机得电正常启动运转,同时指示灯 HL₁ 灭、HL₂ 亮,说明电动机已运转了。

快速制动时,将停止按钮 SB₁ 按到底,首先 SB₁ 常闭触点断开,切断了 KM₁ 线圈电源,与此同时指示灯 HL₂ 灭、HL₁ 亮,说明电动机已失去电源,电动机失电处于自由停机状态,同时,SB₁ 常开触点闭合,使制动交流接触器 KM₂ 和时间继电器 KT 线圈得电吸合且自锁,KM₂ 主触点闭合,将整流二极管 VD 接入电动机绕组产生静止磁场,进行能耗制动,同时指示灯 HL₃ 亮,电动机进入快速制动状态。经 KT 延时后,KT 延时断开的常闭触点断开,切断了 KM₂ 线圈电源,同时指示灯 HL₃ 灭,说明电动机已制动完毕,KM₂、KT 线圈断电释放,解除制动。

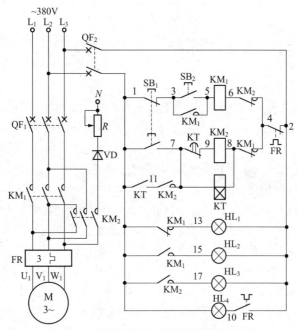

图 3.7 半波整流单向能耗制动控制电路

2. 常见故障及排除方法

① 按下启动按钮 SB₂ 无反应,但按下停止制动按钮 SB₁ 时,交流接触器 KM₂ 和时间继电器 KT 线圈均得电吸合且自锁,KM₂ 主触点闭合能耗制动投入工作。从上述故障情况分析,能耗制动电路正常,问题出现在 KM₁ 线圈回路中。可用短接法判断故障部位,用短接线短接 1、5 两端,交流接触器 KM₁ 线圈得电吸合工作,再用短接线将停止按钮 SB₁ 的 1、3 端短接起来后按下启动按钮 SB₂,电路无反应,交流接触器 KM₁ 线圈不工作,说明此故障为启动按钮 SB₂ 损坏所致。更换启动按钮 SB₂ 后,故障排除,电路工作正常。

② 按下启动按钮 SB₂,交流接触器 KM₁ 线圈得电吸合工作,KM₁ 三

相主触点闭合,电动机启动运转;但按下停止按钮 SB_1 时,没有制动而是自由停车。从配电箱内电器动作情况看,在按下制动按钮 SB_1 时,交流接触器 KM_2、时间继电器 KT 线圈均得电吸合且自锁,说明制动控制电路正常,问题出现在制动主回路中。用万用表检查 KM_2 三相主触点是否正常;整流二极管 VD 是否短路或断路;电阻 R 是否断路等。检查上述电气元件并找出故障点,电路即可恢复正常。

3.6　半波整流可逆能耗制动控制电路维修技巧

1. 工作原理

半波整流可逆能耗制动电路如图 3.8 所示。本电路的优点是正反转操作时无需按下停止按钮 SB_1 即可完成;除了能耗制动外,在停止时只要轻轻按下停止按钮 SB_1 即可,电动机依靠惯性自动停机;从控制互锁看,具有按钮常闭触点互锁和交流接触器常闭触点互锁,可谓双重互锁,安全可靠,是首选的控制电路。

正转启动时,按下正转启动按钮 SB_2,交流接触器 KM_1 线圈得电吸合且自锁,KM_1 三相主触点闭合,电动机得电正转运行。为保证在操作时,防止正反转按钮同时按下造成主回路发生相间短路,在正转操作时,SB_2 串联在反转交流接触器 KM_2 线圈回路中的常闭触点先断开,切断了 KM_2 线圈回路,完成按钮常闭触点互锁,当交流接触器 KM_1 吸合后,KM_1 串联在反转交流接触器 KM_2 线圈回路中的辅助常闭触点断开,完成接触器常闭触点互锁。

反转启动时,无需按下停止按钮 SB_1 即可直接操作反转启动按钮 SB_3,此时 SB_3 常闭触点先断开,切断了正转交流接触器 KM_1 线圈回路电源,KM_1 线圈断电释放,KM_1 三相主触点断开,电动机脱离三相电源而停止运转。由于正转交流接触器 KM_1 辅助常闭触点恢复常闭状态,为反转启动做准备,这时 SB_3 常开触点已闭合,反转交流接触器 KM_2 线圈得电吸合且自锁,KM_2 三相主触点闭合,电动机反转运转。

注意:在未按下停止按钮 SB_1 时,直接进行正反转操作为自由停机,无能耗制动。

无论正转停止还是反转停止时,只要将停止按钮 SB_1 按到底,正转或反转交流接触器 KM_1 或 KM_2 线圈断电,使电动机脱离电源,此时交流接触器 KM_3、时间继电器 KT 线圈得电吸合且自锁,KM_3 三相主触点闭合,

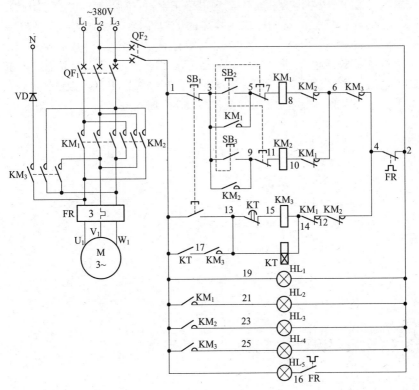

图 3.8 半波整流可逆能耗制动控制电路

将直流电源通入电动机定子绕组中产生静止磁场,从而使电动机快速停止下来。从按下停止按钮 SB_1 到电动机停止为 KT 延时时间,KT 延时结束后,将 KM_3、KT 线圈断开,KM_3 三相主触点断开,能耗制动结束。

2. 常见故障及排除方法

① 按下停止按钮 SB_1,制动交流接触器 KM_3、时间继电器 KT 动作均正常,但无制动。从原理图上可以分析出,故障为整流二极管 VD 短路或断路;制动交流接触器 KM_3 三相主触点接触不良或断路。因上述两只电气元件损坏,使电动机绕组在失去工作电源后无法通入直流电源,从而不能产生静止磁场,不能让电动机迅速停止下来。检查时,用万用表检查整流二极管是否损坏,若损坏则更换;检查交流接触器 KM_3 三相主触点闭合情况,若损坏闭合不了,则更换一只新的交流接触器即可。

② 按下停止按钮 SB_1,交流接触器 KM_2 线圈、时间继电器 KT 线圈动作正常,但操作正转启动按钮 SB_2 或反转启动按钮 SB_3 无任何反应。

如图3.9所示,从电路分析可知制动电路正常,可排除热继电器常闭触点FR损坏,而正反转按钮同时出现故障的可能性也不大,故障应该在正反转控制回路的公共电路上,此电路公共部分只有一个元器件,那就是制动交流接触器KM₃互锁常闭触点,若KM₃常闭触点损坏,就会造成正反转启动电路不能启动故障。用万用表检查交流接触器KM₃互锁常闭触点是否损坏,若损坏则更换常闭触点,故障即可排除。

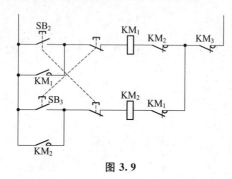

图 3.9

3.7　全波整流可逆能耗制动控制电路维修技巧

1. 工作原理

图3.10所示为全波整流可逆能耗制动控制电路。

正转启动时,按下正转启动按钮SB₂,交流接触器KM₁线圈得电吸合且自锁,KM₁三相主触点闭合,电动机得电正转运行。

正转能耗制动时,将停止按钮SB₁按到底,交流接触器KM₁线圈断电释放,其主触点断开,电动机脱离三相交流电源但仍靠惯性运转,此时制动交流接触器KM₃、时间继电器KT线圈得电吸合并延时,KM₃接通直流电源,通入电动机定子绕组,产生一静止磁场,使电动机快速停止下来,从而完成正转快速制动。经延时后,KT得电延时断开的常闭触点断开,切断了KM₃、KT线圈电源,KM₃主触点断开,电动机能耗制动结束。

正转自由停机时,轻轻按下停止按钮SB₁,交流接触器KM₁线圈断电释放,其三相主触点断开,电动机断电,但由于惯性作用,不能立即停止下来,在短时间内缓慢停止。

反转启动时,按下反转启动按钮SB₃,交流接触器KM₂线圈得电吸合且自锁,KM₂三相主触点闭合,电动机得电反转运行。

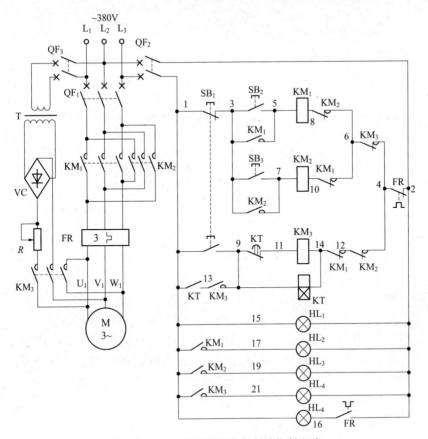

图 3.10 全波整流可逆能耗制动控制电路

反转能耗制动时,将停止按钮 SB_1 按到底,交流接触器 KM_2 线圈断电释放,其主触点断开,电动机脱离三相交流电源但仍靠惯性运转,此时制动交流接触器 KM_3、时间继电器 KT 线圈得电吸合并延时,KM_3 接通直流电源,通入电动机定子绕组,产生一静止磁场,使电动机快速停止下来,从而完成反转快速制动。经延时后,KT 得电延时断开的常闭触点断开,切断了 KM_3、KT 线圈电源,KM_3 主触点断开,电动机能耗制动结束。

反转自由停机时,轻轻按下停止按钮 SB_1,交流接触器 KM_2 线圈断电释放,其三相主触点断开,电动机断电,但由于惯性作用,不能立即停止下来,在短时间内缓慢停止。

特别提醒:本电路在操作上存在一个问题,即在正转或反转操作后,欲想进行相反转向时,不能直接进行操作,必须先按下停止按钮 SB_1 后方能再进行操作。

2. 常见故障及排除方法

① 按下制动按钮 SB_1，制动电路投入后不停止。从图 3.11 可以分析出，电路中交流接触器 KM_3 线圈动作正常，时间继电器 KT 线圈能按要求进行控制动作，但不能延时切除制动电路，其故障点为 KT 延时断开的常闭触点断不开所致。检查 KT 延时断开的常闭触点是否损坏，若损坏则更换新品，故障即可排除。

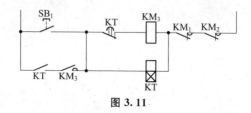

图 3.11

② 按下制动按钮 SB_1 能制动，但制动效果不理想。此故障原因有两个方面：一方面是制动控制电路问题，也就是时间继电器 KT 延时时间调整得过短；一方面是制动主回路问题，通常故障是可调电阻调整不当或整流桥 VC 中有个别二极管损坏。检修时，首先确定故障是在主回路还是在控制回路，先易后难地进行排除。如检查时间继电器的延时时间调整得是否过小；可调电阻 R 调整得是否过小等。可用万用表测量上述器件是否损坏，找出故障点并加以排除。

3.8 简单实用的可逆能耗制动控制电路维修技巧

1. 工作原理

图 3.12 所示为简单实用的可逆能耗制动控制电路。合上断路器 QF_1、QF_2，指示灯 HL_1 亮，说明电源正常。

正转启动时，按下正转启动按钮 SB_2，交流接触器 KM_1 线圈得电吸合且自锁，KM_1 三相主触点闭合，电动机得电正向运转，与此同时指示灯 HL_1 灭、HL_2 亮，说明电动机正向运转了。同时 KM_1 辅助常闭触点断开，切断 KM_3 线圈回路，KM_1 辅助常开触点闭合，使失电延时时间继电器 KT 线圈得电吸合，KT 失电延时断开的常开触点瞬时闭合，为能耗制动控制交流接触器 KM_3 线圈工作做准备（因串联在交流接触器 KM_3 线圈回路中的 KM_1 常闭触点已断开）。

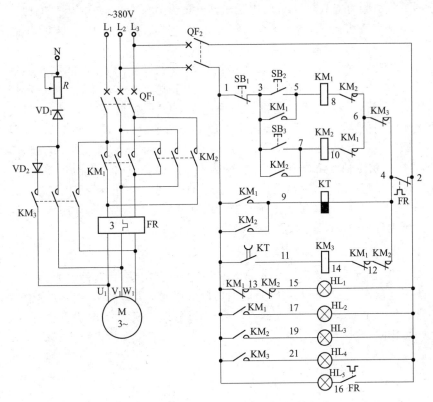

图 3.12 简单实用的可逆能耗制动控制电路

正转能耗制动时,按下停止按钮 SB_1,交流接触器 KM_1 线圈断电释放,KM_1 三相主触点断开,电动机失电但仍靠惯性继续转动,此时指示灯 HL_2 灭、HL_1 亮,说明电动机已脱离电源。KM_1 辅助常开触点断开,失电延时时间继电器 KT 线圈失电释放并开始延时,KM_1 串联在 KM_3 线圈回路中的常闭触点恢复常闭,此时交流接触器 KM_3 线圈得电吸合,KM_3 三相主触点闭合,使直流电源通入电动机绕组内产生静止磁场,使电动机迅速停止下来,与此同时指示灯 HL_4 亮,说明电动机正在进行制动,经 KT 延时后,KT 失电延时断开的常开触点恢复常开,切断 KM_3 线圈断电释放,KM_3 主触点断开,解除能耗制动。

反转启动时,按下反转启动按钮 SB_3,交流接触器 KM_2 线圈得电吸合且自锁,KM_2 三相主触点闭合,电动机得电反向运转,与此同时,指示灯 HL_1 灭、HL_3 亮,说明电动机反向运转了。同时 KM_2 辅助常闭触点断开,切断 KM_3 线圈回路,KM_2 辅助常开触点闭合,使失电延时时间继电器 KT 线圈得电吸合,KT 失电延时断开的常开触点瞬时闭合,为能耗制动控制交流接触器 KM$_3$ 线圈工作做准备(因串联在交流接触器 KM$_3$ 线圈回路中的 KM$_2$ 常闭触点已断开)。

反转能耗制动时,按下停止按钮 SB$_1$,交流接触器 KM$_2$ 线圈断电释放,KM$_2$ 三相主触点断开,电动机失电仍靠惯性继续转动,此时指示灯HL$_3$ 灭,HL$_1$ 亮,说明电动机已脱离电源。KM$_2$ 辅助常开触点断开,失电延时时间继电器 KT 线圈失电释放并开始延时,KM$_2$ 串联在 KM$_3$ 线圈回路中的常闭触点恢复常闭,此时交流接触器 KM$_3$ 线圈得电吸合,KM$_3$ 三相主触点闭合,使直流电源通入电动机绕组内产生静止磁场,使电动机迅速停止下来,与此同时指示灯 HL$_4$ 亮,说明电动机正在进行制动,经 KT 延时后,KT 失电延时断开的常开触点恢复常开,切断 KM$_3$ 线圈断电释放,KM$_3$ 主触点断开,解除能耗制动。

2. 常见故障及排除方法

① 正、反转启动运转均正常,但正转停止有制动,反转停止则为自由停止。从图 3.13 可以看出,反转时时间继电器 KT 线圈不动作则为辅助常开触点 KM$_2$ 闭合不了所致。根据上述情况,更换 KM$_2$ 常开触点,故障即可排除,电路恢复正常。

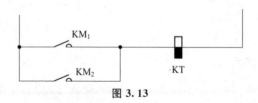

图 3.13

② 正、反转运转均正常,但正、反转停止时无制动。从图 3.14 所示电路分析,若停止时失电时间继电器 KT 线圈不吸合工作,则故障为 KT 线圈断路、KM$_2$ 常开触点闭合不了、KM$_1$ 常开触点闭合不了;若 KT 线圈工作正常,但交流接触器 KM$_2$ 线圈不吸合,则故障为 KT 失电延时断开的常开触点 KT 闭合不了、交流接触器 KM$_3$ 线圈断路、交流接触器 KM$_1$ 常闭触点断路、交流接触器 KM$_2$ 常闭触点断路;若 KT 线圈、KM$_3$ 线圈工作均正常,则故障在主电路中,重点检查二极管 VD$_1$、VD$_2$ 断路或短路、电阻 R 断路或调整不当、交流接触器 KM$_3$ 主触点接触不良或断路。用万用表检查控制回路或主回路各器件,找出故障点,更换故障器件,电路故障即可消失,恢复正常工作。

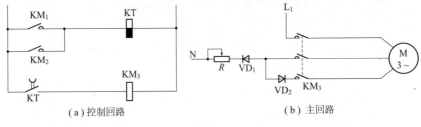

（a）控制回路　　　　　　（b）主回路

图 3.14

3.9 单向运转反接制动控制电路维修技巧

1. 工作原理

图 3.15 所示为单向运转反接制动控制电路。合上主回路断路器 QF₁、控制回路断路器 QF₂，电源指示灯 HL₁ 亮，说明电源正常。

启动时，按下启动按钮 SB₂，交流接触器 KM₁ 线圈得电吸合且自锁（同时 KM₁ 串联在制动交流接触器 KM₂ 线圈回路中的常闭触点断开，起到互锁保护作用），KM₁ 三相主触点闭合，电动机得电运转工作，图 3.15 中速度继电器 KS 与电动机 M 同轴连接，当电动机的转速大于 120r/min 时，KS 常开触点闭合，为停止时反接制动做准备。

自由停机时，轻轻按下停止按钮 SB₁，交流接触器 KM₁ 线圈断电释放，KM₁ 三相主触点断开，电动机失电处于自由停车状态，其电动机转速会随着时间的延长而逐渐自己停止下来。在 KM₁ 线圈断电的同时，指示灯 HL₃ 灭、HL₁ 亮，说明电动机已失电停止运转了。

制动时，将停止按钮 SB₁ 按到底，交流接触器 KM₁ 线圈断电释放，同时 KM₁ 常闭触点恢复常闭，为制动回路提供工作准备，KM₁ 三相主触点断开，同时指示灯 HL₃ 灭、HL₁ 亮，说明电动机已脱离电源而处于自由停车状态，其运转速度逐渐下降，此时，制动交流接触器 KM₂ 线圈得电吸合且自锁，KM₂ 三相主触点闭合，同时指示灯 HL₁ 灭、HL₂ 亮，说明电动机正在进行制动，电动机反向串入电阻器进行反接制动，使电动机转速迅速降了下来，当电动机的转速低于 100r/min 时，速度继电器 KS 常开触点断开，切断了制动交流接触器 KM₂ 线圈回路电源，KM₂ 三相主触点断开，电动机脱离反向电源而停止，整个制动过程结束，同时指示灯 HL₂ 灭、HL₁ 亮，说明电动机制动结束。

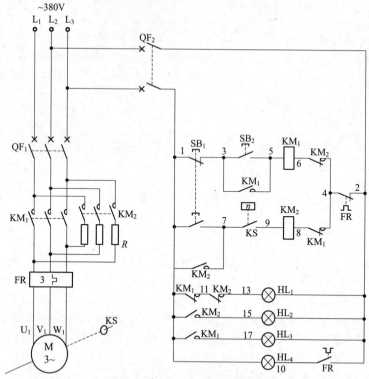

图 3. 15 单向运转反接制动控制电路

2. 常见故障及排除方法

① 按下启动按钮 SB_2，交流接触器 KM_1 线圈无反应，电动机不能启动运转。从图 3.16 分析可以看出，图中的断路器 QF_1、停止按钮 SB_1、启动按钮 SB_2、交流接触器 KM_1 线圈、交流接触器 KM_2 辅助常闭触点、热继电器 FR 常闭触点中的任意一个出现断路故障，均会使交流接触器 KM_1 线圈不能得电工作。用万用表逐个测量上述各电器元件，找出故障点，更换故障元件，电路正常工作。

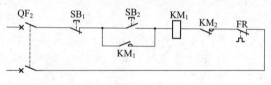

图 3. 16

② 电动机停止时为自由停车,无反接制动。从图 3.17 电路分析可知,当停止时按下停止按钮 SB_1,交流接触器 KM_1 线圈断电释放,KM_1 三相主触点断开,电动机失电后在惯性的作用下继续转动。同时,SB_1 常开触点闭合,与早已闭合的速度继电器常开触点 KS 将交流接触器 KM_2 线圈回路接通且 KM_2 自锁,KM_2 三相主触点闭合,接入反向电源,将制动电阻 R 串入电动机绕组中,电动机得反向电源而反转,从而使电动机迅速停止下来,当电动机转速低于 100r/min 时,速度继电器 KS 常开触点恢复断开,从而切断了交流接触器 KM_2 线圈回路电源,KM_2 线圈断电释放,KM_2 三相主触点断开,电动机反接制动结束。

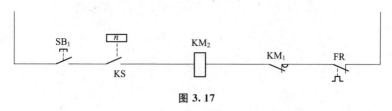

图 3.17

③ 电动机停止时,有制动但为瞬间制动,若长时间按住停止按钮 SB_1,能可靠进行制动。从电路中分析可以看出,故障出在控制电路中,通常是 KM_2 自锁触点闭合不了而致。用万用表检查 KM_2 常开触点是否正常,若损坏则更换交流接触器 KM_2 常开触点,故障即可排除。

3.10 双向运转反接制动控制电路维修技巧

1. 工作原理

图 3.18 所示为双向运转反接制动控制电路。

正转启动时,按下正转启动按钮 SB_2,正转交流接触器 KM_1 线圈得电吸合且自锁,KM_1 三相主触点闭合,电动机得电正转运转;由于速度继电器 KS 与电动机同轴连接,当电动机的转速超过 120r/min 时,KS 中的一对常开触点 KS_2 闭合,为正转制动做好准备,也就是为接通反转回路做准备。

当需正转制动时,按下停止按钮 SB_1,此时正转交流接触器 KM_1 线圈断电释放,同时停止按钮 SB_1 常开触点闭合,使中间继电器 KA 线圈得电吸合,KA 常开触点闭合,由于 KS 的一组常开触点 KS_2 仍闭合,将反转交流接触器 KM_2 线圈回路接通(KM_2 常开触点与 KA 常开触点均闭

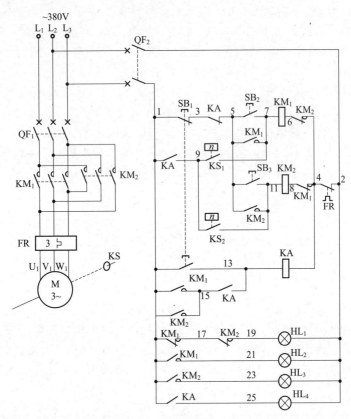

图 3.18　双向运转反接制动控制电路

合将 KA 线圈自锁），KM$_2$ 三相主触点闭合，电动机立即反向转动，这样，电动机的转速会迅速降下来，当电动机的转速低于 100r/min 时，速度继电器 KS$_2$ 常开触点断开，切断了反转交流接触器 KM$_2$ 线圈回路电源，KM$_2$ 三相主触点断开，电动机停止运转，KM$_2$ 串联在中间继电器 KA 线圈回路的常开触点断开，使 KA 线圈断电释放。实际上，反转只是瞬间转动了一下就停止了，反接制动结束。

　　由于反转启动、制动过程与正转相同，只是利用速度继电器的另一组常开触点来完成反接信号控制，这里不再重复讲述。

　　电路中速度继电器 KS 有两组常开控制触点 KS$_1$、KS$_2$，分别连接至 KM$_1$、KM$_2$ 线圈回路中，当电动机正转时，速度继电器上的一组常开触点 KS$_2$ 就闭合了，为停止电动机时接通反转交流接触器 KM$_2$ 线圈做准备；当电动机反转时，速度继电器上的另外一组常开触点 KS$_1$ 就闭合了，为停止电动机时接通正转交流接触器 KM_1 线圈做准备。

2. 常见故障及排除方法

① 正转启动正常,在停止时按下 SB_1,中间继电器 KA 吸合但无反接制动(注意:反转回路工作正常、反转反接制动也正常)。根据故障情况分析,故障原因为速度继电器 KS 的一组常开触点 KS_2 损坏闭合不了所致。可将主回路断路器 QF_1 断开,将 KS_2 短接起来,再按下停止按钮 SB_1,观察配电箱内电器元件动作情况,应为 KA、KM_2 均吸合,再将短接线去掉,KA、KM_2 全部释放,说明故障就是 KS_2 常开触点损坏。更换速度继电器后故障即可排除。

② 正、反转启动及停止均正常,但全部无反接制动。遇到此故障首先观察配电箱内中间继电器 KA 是否工作,若 KA 不工作,故障为 SB_1 常开触点损坏、KA 线圈断路;若 KA 工作,则故障为 1、9 之间的常开触点闭合不了所致。根据以上情况,用万用表对各器件进行测量,找出故障点,并加以排除即可。

③ 按下停止按钮 SB_1,中间继电器 KA 线圈吸合动作,但无论是正转进行反接制动,还是反转进行反接制动,均变为反向继续运转。此故障从原理图中分析,最大可能为 3、5 之间的 KA 常闭触点损坏断不开所致。可用万用表测量 KA 常闭触点是否正常,若损坏则更换中间继电器。

④ 正转启动正常,反转为点动。此故障通常为 KM_2 自锁触点损坏闭合不了所致。更换 KM_2 辅助常开自锁触点后故障即可排除。

⑤ 在停止时,轻轻按下停止按钮 SB_1 不能进行停止操作;若将停止按钮 SB_1 按到底,中间继电器 KA 线圈吸合动作,正、反均能进行反接制动。根据电路原理图分析,此故障原因为停止按钮 SB_1 常闭触点损坏断不开所致。更换 SB_1 停止按钮,故障即可排除。

⑥ 当按下停止按钮 SB_1 时控制回路断路器 QF_2 跳闸。分析故障原因为中间继电器 KA 线圈短路。更换中间继电器 KA 线圈后故障即可排除。

3.11 异步电动机反接制动控制电路维修技巧

1. 工作原理

图 3.19 所示是异步电动机反接制动控制电路。当按下按钮 SB_2 时,接触器 KM_1 吸合,使电动机带动速度继电器 KS 一起旋转。当速度达到

额定转速后(转速大于 120r/min 时),KS 常开触点闭合,做好制动准备。当按下 SB$_1$ 停止按钮后,KM$_1$ 断电,其常闭触点闭合,KS 在电动机惯性作用下触点仍然闭合,这时,KM$_2$ 吸合,电动机绕组中串入制动电阻 R 反接制动。当电动机转速下降(降至 100r/min 时)直至停止时,KS 断开,KM$_2$ 释放,制动完毕。

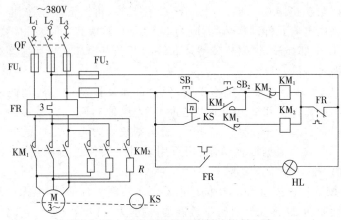

图 3.19 异步电动机反接制动控制电路

2. 常见故障及排除方法

本电路的常见故障及排除方法见表 3.1。

表 3.1 常见故障及排除方法

故障现象	原 因	排除方法
• 反接制动时速度继电器失效,电动机不能制动	1. 速度继电器胶木摆杆断裂 2. 速度继电器常开触点接触不良 3. 弹性动触片断裂或失去弹性	1. 调换胶木摆杆 2. 清除触点表面油污 3. 调换弹性动触片
• 制动不正常	• 速度继电器的弹性动触片调整不当	重新调节调整螺钉: 1. 将调整螺钉向下旋,弹性动触片的弹性增大,速度较高时才能推动 2. 将调整螺钉向上旋,弹性动触片的弹性减小,速度较低时便可推动
• 按下停止按钮 SB$_1$,交流接触器 KM$_1$ 线圈断电释放,但 KM$_2$ 无反应	1. 速度继电器 KS 损坏闭合不了 2. KM$_1$ 常闭触点断路损坏 3. KM$_2$ 线圈损坏	1. 更换速度继电器 KS 2. 更换 KM$_1$ 常闭触点 3. 更换 KM$_2$ 线圈

故障现象	原因	排除方法
• 按下 SB$_1$，电动机停止时无制动（控制电路 KM$_2$ 工作）	1. KM$_2$ 三相主触点损坏接触不上 2. 制动电阻损坏断路 3. 制动主回路连线脱落	1. 更换主触点 2. 更换制动电阻 3. 恢复连线
• 按下 SB$_2$ 无反应，电动机不转（控制回路无反应）	1. 按钮 SB$_2$ 损坏 2. 按钮 SB$_1$ 损坏 3. KM$_2$ 互锁触点损坏 4. KM$_1$ 线圈断路 5. 热继电器 FR 常闭触点损坏	1. 更换按钮 SB$_2$ 2. 更换按钮 SB$_1$ 3. 更换 KM$_2$ 常闭触点 4. 更换 KM$_1$ 线圈 5. 更换热继电器 FR
• 过载灯 HL 亮	• 电动机过载	• 检查过载原因并排除
• 电动机为点动运转	1. KM$_1$ 自锁触点损坏 2. KM$_1$ 自锁回路连线脱落	1. 更换 KM$_1$ 自锁触点 2. 连接脱落导线
• 熔断器 FU$_2$ 熔断	• 控制回路短路	• 检查并排除
• 电动机嗡嗡响不转	1. 电源 L$_1$ 相缺相 2. FU L$_1$ 相熔断器熔断 3. FR 热继电器 L$_1$ 相损坏断路 4. KM$_1$ L$_1$ 相主触点接触不良 5. 电动机绕组缺相	1. 恢复 L$_1$ 相电源 2. 恢复 L$_1$ 相熔芯 3. 更换热继电器 FR 4. 更换 KM$_1$ 主触点 5. 修复电动机绕组

3.12 三相鼠笼式电动机能耗制动控制电路维修技巧

1. 工作原理

图 3.20 所示是三相鼠笼式电动机能耗制动控制电路。电路中采用断电延时时间继电器作为自动控制器件，效果很好。当按下启动按钮 SB$_2$ 时，交流接触器线圈 KM$_1$ 线圈得电吸合且辅助常开触点闭合自锁，KM$_1$ 三相主触点闭合，电动机得电启动运行。

在接触器 KM$_1$ 动作后，断电延时时间继电器 KT 线圈也得电吸合，其断电延时断开的常开触点瞬时接通，但由于常闭辅助触点 KM$_1$ 已分断，故 KM$_2$ 不能得电动作。

若需要停机时，则按下停止按钮 SB$_1$，于是 KM$_1$ 线圈断电，常开触点断开，KT 断电，常闭辅助触点 KM$_1$ 接通，使线圈 KM$_2$ 得电，常开触点

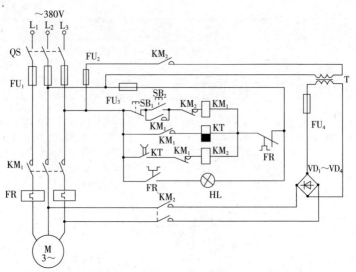

图 3.20 三相鼠笼式电动机能耗制动控制电路

KM₂ 闭合, 电动机定子绕组通入直流电使其制动。

经过一段延时时间后, 时间继电器断电延时断开的常开触点断开, 从而使交流接触器 KM₂ 线圈断电释放, 切断了直流电源, 整个制动过程结束。

2. 常见故障及排除方法

本电路的常见故障及排除方法见表 3.2。

表 3.2 常见故障及排除方法

故障现象	原 因	排除方法
• 按下 SB₂, KM₁ 吸合, 电动机运转, 但失电延时时间继电器 KT 不动作	• KM₁ 串联在 KT 线圈回路中的常开触点损坏不闭合	• 更换 KM₁ 常开辅助触点
• 按下停止按钮, 电动机处于自由停车状态	1. FU₄ 熔断器熔断 2. KM₂ 主触点损坏不闭合 3. 整流二极管 VD₁~VD₄ 损坏 4. 变压器 T 损坏 5. KT 失电延时断开的常开触点损坏 6. KM₁ 常闭触点损坏闭合不了 7. KM₂ 线圈断路	1. 恢复 FU₄ 熔芯 2. 更换 KM₂ 主触点 3. 更换整流二极管 4. 更换变压器 T 5. 更换 KT 触点 6. 更换 KM₁ 触点 7. 更换 KM₂ 线圈

故障现象	原　因	排除方法
	8. 制动回路连线脱落	8. 检查脱落导线并连接好
	9. FU₂ 熔断器熔断	9. 恢复 FU₂ 熔芯
• 过载指示灯 HL 亮	• 电动机过载了	• 检查过载原因并修复
• 按下 SB₂，电动机点动转动	1. KM₁ 自锁触点损坏 2. KM₁ 自锁回路导线脱落	1. 更换 KM₁ 触点 2. 将脱落导线接好
• 按下 SB₂ 无反应	1. FU₃ 熔断器熔断 2. 停止按钮 SB₁ 损坏 3. 启动按钮 SB₂ 损坏 4. KM₂ 常闭触点损坏 5. KM₁ 线圈断路 6. FR 常闭触点损坏	1. 恢复 FU₃ 熔芯 2. 更换按钮 SB₁ 3. 更换按钮 SB₂ 4. 更换 KM₂ 触点 5. 更换 KM₁ 线圈 6. 更换热继电器 FR
• 电动机"嗡嗡"响不转	• 缺相	• 检查缺相原因并排除
• FU₂ 熔断器熔断	• 变压器 T 线圈短路	• 更换变压器
• 按下 SB₂，FU₃ 熔断器熔断	1. KM₁ 线圈烧坏短路 2. KT 线圈烧坏短路 3. 接线错误	1. 更换 KM₁ 线圈 2. 更换 KT 线圈 3. 纠正错误接线
• 按下 SB₁，电动机不停止运转	1. SB₁ 按钮损坏断不了 2. KM₁ 动、静铁心极面有油污 3. KM₁ 机械部分卡住 4. KM₁ 三相主触点熔焊分不开	1. 更换按钮 SB₁ 2. 擦净铁心极面 3. 检修卡住现象 4. 更换 KM₁ 主触点或交流接触器整体
• FU₁ 熔断器熔断	• 电动机烧毁	• 更换或修复电动机
• 制动时，电动机有异味，一直制动不停	1. KT 失电延时断开的常开触点损坏不能断开 2. KT 延时时间调整过长或调整失控	1. 更换 KT 触点 2. 重调延时时间
• FR 频繁动作	1. FR 设置电流太小不正确 2. FR 热元件损坏 3. FR 接线松动	1. 重调 FR 电流 2. 更换热继电器 3. 重新接好连线

3.13 电容-电磁制动控制电路维修技巧

1. 工作原理

电容-电磁制动控制电路如图 3.21 所示。需要制动时，按下停止按钮

SB₁,交流接触器 KM₁ 线圈失电释放,其常闭辅助触点闭合,电容器接入定子绕组进行电容制动。同时,SB₁ 常开触点闭合,使失电延时时间继电器 KT 线圈也得电动作,失电延时时间继电器延时断开的常开触点瞬间闭合,使制动接触器 KM₂ 线圈得电动作,其主触点闭合将三相绕组短接进行电容-电磁制动,使电动机迅速停转。制动时间可根据实际情况试验而定,也就是 KT 失电延时断开的常开触点恢复常开状态的时间。

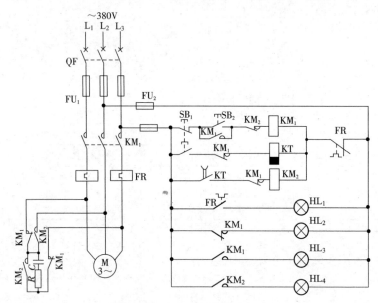

图 3.21 电容-电磁制动控制电路

2.常见故障及排除方法

本电路的常见故障及排除方法见表 3.3。

表 3.3 常见故障及排除方法

故障现象	原 因	排除方法
• 停止时,无制动	1.停止按钮 SB₁ 常开触点损坏	1.更换停止按钮 SB₁
	2.KM₁ 常闭触点闭合不了	2.更换 KM₁ 触点
	3.KT 线圈断路	3.更换 KT 线圈
	4.KT 失电延时断开的常开触点损坏	4.更换 KT 触点
	5.KM₂ 线圈断路	5.更换 KM₂ 线圈
	6.电阻 R 烧断了	6.更换电阻 R

故障现象	原 因	排除方法
• 停止时,无制动	7. 电容 C 击穿了	7. 更换电容 C
• 过载指示灯 HL$_1$ 亮	• 电动机出现过载、FR 动作了	• 检查过载原因并排除故障
• 按下 SB$_1$,KT 吸合但 KM$_2$ 不吸合	1. KT 失电延时断开的常开触点损坏不闭合 2. KT 延时部分损坏不能转换 3. KM$_1$ 常闭触点损坏不能闭合	1. 更换 KT 触点 2. 重新调整时间,若损坏则换新品 3. 更换 KM$_1$ 常闭触点
• 按下 SB$_2$ 无反应,电动机不转,但按下 SB$_1$ 时,KT、KM$_2$ 均吸合能接通制动部分	1. 按钮 SB$_2$ 损坏 2. 按钮 SB$_1$ 常闭触点损坏 3. KM$_2$ 常闭触点损坏 4. KM$_1$ 线圈断路	1. 更换按钮 SB$_2$ 2. 更换按钮 SB$_1$ 3. 更换 KM$_2$ 常闭触点 4. 更换 KM$_1$ 线圈
• 按下 SB$_2$、SB$_1$ 均无反应(FU$_2$ 后端有电)	• 热继电器 FR 常闭触点损坏接触不良	• 更换热继电器
• 按下 SB$_2$ 为点动状态	1. KM$_1$ 自锁触点损坏 2. KM$_1$ 自锁回路连线脱落	1. 更换 KM$_1$ 自锁触点 2. 检查 KM$_1$ 自锁回路连线脱落处,重新连接好
• KM$_1$ 线圈吸合但电动机不转	1. KM$_1$ 主触点损坏 2. 热继电器 FR 热元件损坏 3. 电动机绕组断路	1. 更换 KM$_1$ 主触点 2. 更换热继电器 3. 修理电动机绕组
• 电动机"嗡嗡"响不转	1. QF L$_1$ 相断路 2. FU$_1$ L$_1$ 相断路 3. KM$_1$ L$_1$ 相主触点接触不良 4. FR 热元件损坏 5. L$_1$ 相连线断路或松动	1. 更换 QF 2. 修复 FU$_1$ 熔芯 3. 更换 KM$_1$ 主触点 4. 更换热继电器 5. 找出断路处重新接线

3.14 单管整流能耗制动控制电路维修技巧

1. 工作原理

图 3.22 所示是单管整流能耗制动控制电路。需要停车时,按下停止按钮 SB$_1$,KM$_1$、KT 失电释放,这时 KT 失电延时断开的常开触点仍然闭

合,使制动接触器 KM_2 线圈得电动作,电源经制动接触器 KM_2 两对常开触点闭合连接电动机的两相绕组,另一对常开触点闭合经整流管 VD 回到零线形成回路。达到整定时间后,KT 失电延时断开的常开触点断开,KM_2 线圈失电释放,制动过程完成。

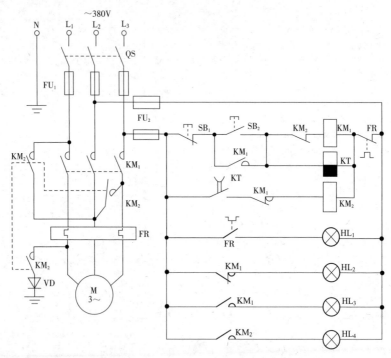

图 3.22 单管整流能耗制动控制电路

2.常见故障及排除方法

本电路的常见故障及排除方法见表3.4。

表 3.4 常见故障及排除方法

故障现象	原　因	排除方法
• 按下停止按钮 SB_1 时没有制动	1.制动整流管损坏 2.KM_2 常开触点闭合不了 3.FU_1 L_1 相熔断器熔断 4.零线接触不良 5.KT 失电延时断开的常开触点未闭合 6.KT 线圈未得电吸合	1.更换 2.更换 3.恢复 4.检查接好 5.更换 6.检查线路重接

故障现象	原　因	排除方法
• 按下停止按钮 SB₁ 时没有制动	7.KM₁ 常闭触点接触不良 8.KM₂ 线圈断路	7.更换 8.更换
• 制动时间很长,电动机发热	1.KT 时间调整得过长 2.KT 延时触点损坏断不开 3.KM₂ 机械部分卡死 4.KM₂ 主触点熔焊 5.KM₂ 动、静铁心极面有油污,延时释放	1.重新调整 2.更换 3.修理 4.更换 5.拆开擦净
• 按下按钮 SB₂,KT 线圈工作,电动机不转,松开SB₂,制动电路投入	1.交流接触器 KM₁ 线圈断路 2.KM₂ 常闭触点损坏不闭合	1.更换 2.更换
• 按下按钮 SB₂ 成为点动	1.KM₁ 自锁回路连线脱落 2.KM₁ 自锁触点接触不良	1.重接 2.更换
• 按下按钮 SB₂ 无反应,用短接线短接 SB₂、KM₁、KT 吸合且 KM₁ 自锁工作正常	• SB₂ 按钮损坏	• 更换
• 按下按钮 SB₂ 无反应	1.按钮 SB₂ 损坏 2.FU₁ 熔断器 L₂、L₃ 相熔断 3.FU₁ 熔断 4.SB₁ 停止按钮损坏 5.热继电器常闭触点 FR 闭合不了	1.更换 2.恢复 3.恢复 4.更换 5.手动复位

3.15 双向运转点动控制短接制动电路维修技巧

1.工作原理

双向运转点动控制短接制动电路如图 3.23 所示。

无论正转还是反转,只要按下点动按钮 SB₁(1-3)或 SB₂(7-9),正转交流接触器 KM₁ 或反转交流接触器 KM₂ 线圈得电吸合,KM₁ 或 KM₂ 的三相主触点闭合,电动机得电正转或反转运转。松开点动按钮 SB₁(1-3)或 SB₂(7-9),正转交流接触器 KM₁ 或反转交流接触器 KM₂ 线圈断电释放,其各自的三相主触点断开,电动机脱离三相交流电源而处于自由停机状态,电动机绕组内有剩磁,转子继续运转。此时由于正转交流接触器 KM₁ 或反转交流接触器 KM₂ 各自的两对辅助常闭触点闭合,将电动机绕组短接起来,从而使电动机绕组产生制动力矩进行制动。

该电路在正反转互锁上只采用了按钮常闭触点(1-7、3-5)互锁,互锁程度不高。最好采用带机械互锁的可逆交流接触器,以增加安全可靠性。若交流接触器辅助触点不够用,可外接辅助触点。在选用辅助触点时,有 NC 标志的为常闭触点,有 NO 标志的为常开触点。

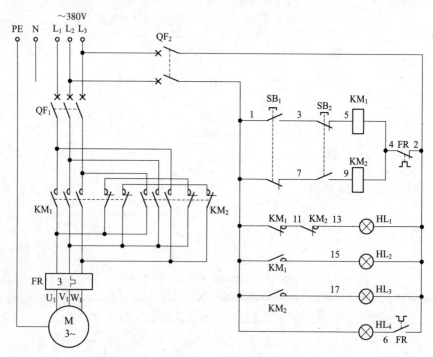

图 3.23   双向运转点动控制短接制动电路

2.常见故障及排除方法

① 正转点动时,按下 SB₁,电动机运转;松开 SB₁,电动机制动正常。而反转点动时,一按下 SB₂,主回路断路器 QF₁ 跳闸动作。从上述故障现象可以看出,故障是由于反转交流接触器 KM₁ 用于制动作用的两组常闭触点出现粘连断不开所致。用万用表测量其好坏,若损坏,则更换一只新品,故障即可排除。

② 正转点动工作正常,但按下反转点动按钮 SB₂ 后,再松开,反转交

流接触器 KM_2 线圈不释放,需很长一段时间后自动释放。此故障原因通常为交流接触器 KM_2 铁芯极面有油污,造成延时释放。可将其交流接触器拆开,用干布或细砂纸打磨动、静铁心表面后故障自行解除。

3.16 不用速度继电器的双向反接制动控制电路维修技巧

1. 工作原理

不用速度继电器的双向反接制动控制电路如图 3.24 所示。

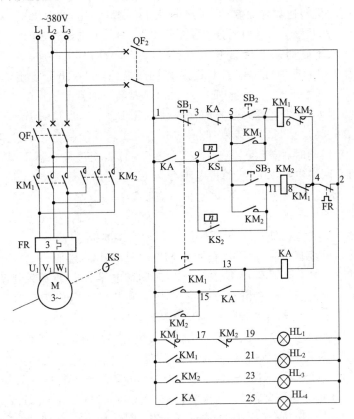

图 3.24 不用速度继电器的双向反接制动控制电路

正转启动时,按下正转启动按钮 SB_2(3-5),交流接触器 KM_1 和失电延时时间继电器 KT_1 线圈得电吸合且 KM_1 辅助常开触点(3-5)闭合自锁,KM_1 三相主触点闭合,电动机得电正转启动运转。同时 KT_1 失电延时闭合的常闭触点(17-19)立即断开,起互锁作用,KT_1 失电延时断开的常开触点(15-19)立即闭合,为正转反接制动提供准备条件。

正转反接制动时,按下停止按钮 SB_1 后又松开,SB_1 的一组常闭触点(1-3)断开,交流接触器 KM_1、失电延时时间继电器 KT_1 线圈断电释放且 KT_1 开始延时,KM_1 三相主触点断开,电动机正转失电但仍靠惯性继续转动;SB_1 的另一组常开触点(1-23)闭合又断开,失电延时时间继电器 KT_3 线圈得电吸合后又断电释放,KT_3 失电延时断开的常开触点(1-11)立即闭合,KT_3 开始延时,此时交流接触器 KM_2 和失电延时时间继电器 KT_2 线圈得电吸合,KM_2 三相主触点闭合,电动机立即得电反转启动运转,使电动机转速骤降而制动,起到正转反接制动作用,同时 KT_2 失电延时断开的常开触点(7-13)闭合,经 KT_3、KT_1 两只失电延时时间继电器延时后,其失电延时断开的常开触点(1-11、15-19)断开,切断交流接触器 KM_2 和失电延时时间继电器 KT_2 线圈回路电源,KM_2、KT_2 线圈断电释放且 KT_2 开始延时,因为此时 KT_3 失电延时断开的常开触点(1-11)已断开,所以 KT_2 的失电延时断开的常开触点(7-13)未延时完毕仍处于闭合状态,在正转反接制动时无效,此触点只有在反转反接制动时才起作用。

反转启动时,按下反转启动按钮 SB_3(3-17),交流接触器 KM_2 和失电延时时间继电器 KT_2 线圈得电吸合且 KM_2 辅助常开触点(3-17)闭合自锁,KM_2 三相主触点闭合,电动机得电反转启动运转。同时 KT_2 失电延时闭合的常闭触点(5-7)立即断开,起互锁作用,KT_2 失电延时断开的常开触点(7-13)立即闭合,为反转反接制动提供准备条件。

反转反接制动时,按下停止按钮 SB_1 后又松开,SB_1 的一组常闭触点(1-3)断开,交流接触器 KM_2、失电延时时间继电器 KT_2 线圈断电释放且 KT_2 开始延时,KM_2 三相主触点断开,电动机反转失电但仍靠惯性继续转动;SB_1 的另一组常开触点(1-23)闭合又断开,失电延时时间继电器 KT_3 线圈得电吸合后又断电释放,KT_3 失电延时断开的常开触点(1-11)立即闭合,KT_3 开始延时,此时交流接触器 KM_1 和失电延时时间继电器 KT_1 线圈得电吸合,KM_1 三相主触点闭合,电动机立即得电正转启动运转,使电动机转速骤降而制动,起到反转反接制动作用。同时,KT_1 失电延时断开的常开触点(15-19)闭合,经 KT_3、KT_2 两只失电延时时间继电器延时后,其失电延时断开的常开触点(1-11、7-13)均断开,切断交流接触器 KM_1 和失电延时时间继电器 KT_1 线圈回路电源,KM_1、KT_1 线圈断电释放且 KT_1 开始延时,因为此时 KT_3 失电延时断开的常开触点(1-11)已断开,所以 KT_1 的失电延时断开的常开触点(15-19)未延时完毕仍处于闭合状态,在反转反接制动时无效,此触点只有在正转反接制动时才起作用。

2. 常见故障及排除方法

①正反转启动均正常,但均无反接制动。此故障原因为:速度继电器 KS 损坏;中间继电器 KA 线圈断路;停止按钮 SB_1 的一组常开触点(1-13)损坏闭合不了;中间继电器 KA 触点(1-9)损坏闭合不了;相关导线 $1^{\#}$、$9^{\#}$、$13^{\#}$、$4^{\#}$ 线有脱落现象。可通过上述故障现象,逐条试之,找出故障点,并加以排除。

②正转启动、反接制动均正常;反转启动正常,但无反接制动。此故障原因为:速度继电器 KS 的一组常开触点(7-9)损坏;导线 $7^{\#}$ 线或 $9^{\#}$ 线张有脱落现象。根据上述故障现象,仔细检查,找出故障点,并加以排除。

第 4 章

供排水及液位控制电路维修

4.1 JYB 型电子式液位继电器应用电路维修技巧

1. 工作原理

JYB714 型电子式液位继电器的外形如图 4.1 所示。

(a) 德力西产品　　　　　　　(b) 正泰产品

图 4.1 JYB714 型电子式液位继电器

特别提醒：JYB714 型电子式液位继电器供、排水控制的区别是供水时利用内部继电器常开触点 2、3 来控制外接交流接触器 KM 线圈电源，在中水位以下时内部继电器线圈断电释放，其常开触点 2、3 闭合，接通交流接触器 KM 线圈电源，KM 三相主触点闭合，水泵电动机得电运转供水；当水位上升至高水位时，内部继电器线圈断电释放，其常开触点 2、3 断开，切断交流接触器 KM 线圈电源，KM 三相主触点断开，水泵电动机失电停止供水。

　　排水时利用内部继电器常闭触点3、4来控制外接交流接触器KM线圈电源,在高水位时内部继电器断电释放,其常闭触点3、4恢复常闭状态,水泵电动机得电运转排水;当水位低至中水位以下时,内部继电器线圈得电吸合,其常闭触点3、4断开,切断交流接触器KM线圈电源,KM三相主触点断开,水泵电动机失电停止排水。

　　除上述区别外,底座端子上的其他接线完全相同。即1、8接工作电源,5接至高水位H电极,6接至中水位M电极,7接至低水位L电极。1、8端子为器件工作电源可根据实际需要而定,并接至相应正确的电源电压上即可。

　　JYB液位继电器最大的优点是:只要简单改变接线方法,就可以很方便地改变其供水、排水方式,也就是说需要供水时,用JYB液位继电器2、3端子(常开触点)与外接交流接触器线圈串联控制;需要排水时,用JYB液位继电器3、4端子(常闭触点)与外接交流接触器线圈串联控制。其余端子接线完全一样,无需改变,请读者在实际应用中尝试一下。

　　单相供水:JYB714型电子式液位继电器单相供水接线如图4.2所示。

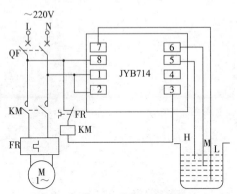

1,8接220V电源;2,3接内部继电器常开触点;
5接高水位H电极;6接中水位M电极;
7接低水位L电极

图4.2　供水方式(～220V单相电动机接线)

　　三相供水:JYB714型电子式液位继电器三相供水接线如图4.3所示。

　　单相排水:JYB714型电子式液位继电器单相排水接线如图4.4所示。在不通电时,端子3和4为常闭,2和3为常开。

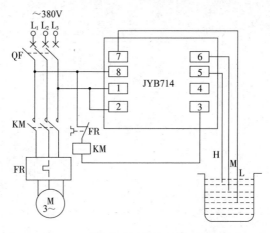

1,8 接 380V 电源;2,3 接内部继电器常开触点;5 接高水位 H 电极;

6 接中水位 M 电极;7 接低水位 L 电极

图 4.3 供水方式(～380V 三相电动机接线)

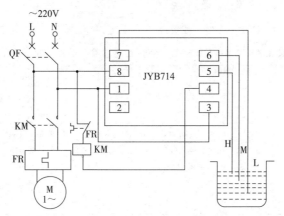

1,8 接 220V 电源;3,4 接内部继电器常闭触点;5 接高水位 H 电极;

6 接中水位 M 电极;7 接低水位 L 电极

图 4.4 排水方式(～220V 单相电动机接线)

三相排水:JYB714 型电子式液位继电器三相排水接线如图 4.5 所示。在不通电时,端子 3 和 4 为常闭,2 和 3 为常开。

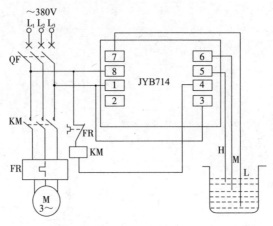

1,8 接 380V 电源;3,4 接内部继电器常闭触点;5 接高水位 H 电极;
6 接中水位 M 电极;7 接低水位 L 电极

图 4.5　排水方式(~380V 三相电动机接线)

2. 常见故障及排除方法

JYB714 型电子式液位继电器的常见故障及排除方法见表 4.1。

表 4.1　JYB714 型电子式液位继电器常见故障及排除方法

故障现象	原　因	排除方法
• 开机不工作	• 电源 1、8 脚断线或接线不正确	• 给 1、8 脚接好电源
• 通电后液位继电器工作不正常	• 检查 5、6、7 脚高、中、低端探头连接是否正常;是否有断路或短路	• 纠正错误接线,检查断路或短路处加以排除
• 继电器触点来回抖动	• 电源不符或探头氧化	• 正确连接电源;将探头氧化处处理好

4.2　两台水泵一用一备电路维修技巧

1. 工作原理

两台水泵一用一备电路如图 4.6 所示,该电路采用一只五挡开关控制,当挡位开关置于 0 位时,切断所有控制电路电源;当挡位开关置于 1 位时,1# 泵可以进行手动操作启动、停止;当挡位开关置于 2 位时,1# 泵可以通过外接电接点压力表送来的信号进行自动控制;当挡位开关置于

3 位时,2# 泵可以进行手动操作启动、停止;当挡位开关置于 4 位时,2# 泵可以通过外接电接点压力表送来的信号进行自动控制。该电路在供水、排水工程及消防工程中均可参考使用。

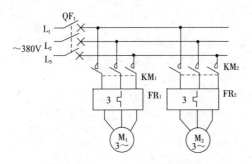

(a) 主回路接线

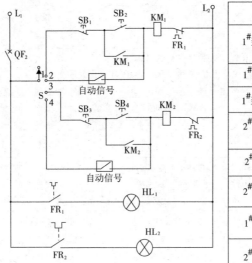

控制电源
1# 泵手动启动、停止
1# 泵手动自锁
1# 泵自动信号
2# 泵手动启动、停止
2# 泵手动自锁
2# 泵自动信号
1# 泵过载指示
2# 泵过载指示

(b) 控制回路接线

图 4.6 两台水泵一用一备电路

2. 常见故障及排除方法

本电路的常见故障及排除方法见表 4.2。

表 4.2 常见故障及排除方法

故障现象	原　因	排除方法
• 选择开关置 1 端按下 SB$_2$ 无反应	1. S 开关损坏 2. 按钮 SB$_2$ 损坏 3. 按钮 SB$_1$ 损坏 4. KM$_1$ 线圈断路 5. FR$_1$ 热继电器常闭触点断路，若开关 S 在任何位置均无反应，则可能是空气断路器 QF$_2$ 故障	1. 更换 S 开关 2. 更换按钮 SB$_2$ 3. 更换按钮 SB$_1$ 4. 更换 KM$_1$ 线圈 5. 更换 FR$_1$ 热继电器
• 选择开关置 2 时无反应（水位处在低水位）	1. 自动信号断路 2. KM$_1$ 线圈断路 3. FR$_1$ 热继电器常闭触点断路	1. 检查修复自动信号触点 2. 更换 KM$_1$ 线圈 3. 更换 FR$_1$ 热继电器
• 选择开关 S 置 1 时，按下 SB$_2$ 不能自锁	1. KM$_1$ 自锁触点损坏 2 KM$_1$ 自锁回路连线脱落	1. 更换 KM$_1$ 自锁触点 2. 将脱落线接好
• 1$^#$ 泵过载指示灯 HL$_1$ 亮	• 1$^#$ 泵过载	• 检查 1$^#$ 泵过载原因并排除
• 选择开关置 3 时，不能手动启动（即按下 SB$_2$ 无反应）	1. 选择开关 S 损坏 2. 启动按钮 SB$_4$ 损坏 3. 停止按钮 SB$_3$ 损坏 4. KM$_2$ 线圈断路 5. FR$_2$ 热继电器常闭触点断路	1. 更换选择开关 S 2. 更换启动按钮 SB$_4$ 3. 更换停止按钮 SB$_3$ 4. 更换 KM$_2$ 线圈 5. 更换 FR$_2$ 热继电器
• 2$^#$ 泵过载指示灯 HL$_2$ 亮	• 2$^#$ 泵出现过载故障	• 检查 2$^#$ 泵过载原因并排除
• 选择开关 S 置 4 时，无自动信号不能启动（处于低水位时）	1. 自动信号触点损坏 2. KM$_2$ 线圈断路 3. FR$_2$ 热继电器常闭触点断路	1. 检查更换自动触点 2. 更换 KM$_2$ 线圈 3. 更换 FR$_2$ 热继电器
• 选择开关置 3 时，按下 SB$_3$ 不能停止工作	1. 按钮 SB$_3$ 损坏 2. 按钮 SB$_2$ 短路 3. KM$_2$ 自锁触点熔焊分不开 4. KM$_2$ 动、静铁心极面有油污而造成铁心不释放	1. 更换按钮 SB$_3$ 2. 更换按钮 SB$_2$ 3. 更换 KM$_2$ 自锁触点 4. 清理擦净 KM$_2$ 铁心极面油污

4.3 两台供水泵故障互投电路维修技巧

1. 工作原理

两台供水泵故障互投电路如图 4.7 所示。

SA 置 1$^#$ 手动位置： 按下按钮 SB$_1$，接触器 KM$_1$ 线圈得电吸合且自

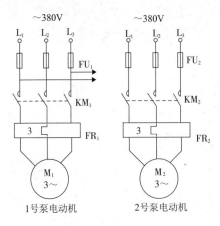

（a）主回线接线

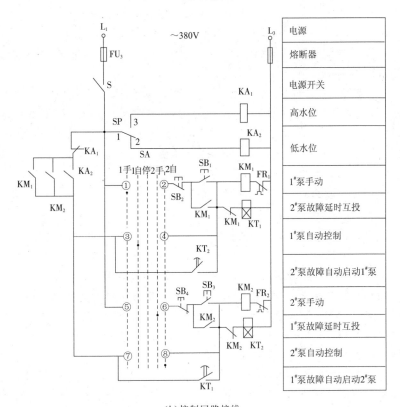

（b）控制回路接线

图 4.7 两台供水泵故障互投电路

锁,KM₁ 三相主触点闭合,电动机 M₁ 得电运转,1#泵启动工作;按下按钮 SB₂,KM₁ 线圈失电释放,KM₁ 三相主触点断开,电动机 M₁ 断电停止运转,1#泵停止工作。

SA 置 1#自动位置:若管路压力低至设定下限时,电接点压力表 SP 的 1、2 接通,中间继电器 KA₂ 线圈得电吸合,其常开触点 KA₂ 闭合,交流接触器 KM₁ 线圈得电吸合,且并联在 KA₂ 常开触点上的 KM₁ 常开触点自锁,KM₁ 三相主触点闭合,1#泵电动机得电自动启动,同时,KM₁ 常闭触点断开,以防止 KT₁ 延时。

当管路压力达到设置上限时,电接点压力表上限触点 2、3 闭合,中间继电器 KA₁ 得电吸合,其常闭触点 KA₁ 断开切断 KM₁ 自动控制回路电源,KM₁ 线圈断电释放,其主触点断开,1#泵电动机停止运转,从而完成自动启停 1#泵。

SA 置 2#手动位置:按下按钮 SB₃,接触器 KM₂ 线圈得电吸合且自锁,KM₂ 三相主触点闭合,电动机 M₂ 得电运转,2#泵启动工作;按下按钮 SB₄,KM₂ 线圈失电释放,KM₂ 三相主触点断开,电动机 M₂ 断电停止运转,2#泵停止工作。

SA 置 2#自动位置:若管路压力低至设定下限时,电接点压力表 SP 的 1、2 接通,中间继电器 KA₂ 线圈得电吸合,其常开触点 KA₂ 闭合,交流接触器 KM₂ 线圈得电吸合,且并联在 KA₂ 常开触点上 KM₂ 的常开触点自锁,KM₂ 三相主触点闭合,2#泵电动机得电自动启动,KM₂ 常闭触点断开,以防止 KT₂ 延时。

当管路压力达到设置上限时,电接点压力表上限触点 1、3 闭合,中间继电器 KA₁ 得电吸合,其常闭触点 KA₁ 断开切断 KM₂ 自动控制回路电源,KM₂ 线圈断电释放,其主触点断开,2#泵电动机停止运转,从而完成自动启停 2#泵。

1#泵置自动位置时:KM₁ 回路故障动作,这时由于 KM₁ 常闭触点未断开,时间继电器 KT₁ 线圈得电吸合,经延时(预置时间为 1min)后 KT₁ 延时闭合的常开触点闭合,接通了 2#泵交流接触器 KM₂ 线圈回路电源,使 2#泵启动运转,从而完成当 1#泵出现故障时,2#泵自动互投;当 1#泵恢复正常时,2#泵自动退出运行。

2#泵置自动位置时:KM₂ 回路故障动作,这时由于 KM₂ 常闭触点未断开,时间继电器 KT₂ 线圈得电吸合,经延时(预置时间为 1min)后 KT₂ 延时闭合的常开触点闭合,接通了 1#泵交流接触器 KM₁ 线圈回路电源,使 1#泵启动运转,从而完成当 2#泵出现故障时,1#泵自动互投;当

2#泵恢复正常时,1#泵自动退出运行。

2.常见故障及排除方法

本电路的常见故障及排除方法见表4.3。

表4.3 常见故障及排除方法

故障现象	原 因	排除方法
• 高水位继电器 KA₁ 不吸合	1. 中间继电器 KA₁ 线圈断路 2. 电接点压力表 SP 的 1、3 触点不能闭合	1. 更换中间继电器 KA₁ 线圈 2. 更换电接点压力表 SP
• 低水位继电器 KA₂ 线圈不工作	1. 中间继电器 KA₂ 线圈断路 2. 电接点压力表 SP 的 1、2 触点不能闭合	1. 更换中间继电器 KA₂ 线圈 2. 更换电接点压力表 SP
• 1#泵手动无反应(1#泵自动控制正常)	1. 转换开关 SA 的 1、2 触点闭合不了 2. 停止按钮 SB₂ 断路 3. 启动按钮 SB₁ 闭合不了 4. 交流接触器 KM₁ 线圈断路 5. 热继电器 FR₁ 常闭触点断路闭合不了或 FR₁ 过载动作	1. 更换同型号转换开关 2. 更换停止按钮 SB₂ 3. 更换启动按钮 SB₁ 4. 更换交流接触器 KM₁ 线圈 5. 更换热继电器 FR₁ 或用手动使其复位
• 1#泵手动停止不了(自动正常)	• 停止按钮 SB₂ 损坏断不开	• 更换停止按钮 SB₂
• 1#泵手动、自动均停止不了,即使断开控制回路开关 S 也不停泵	1. 交流接触器 KM₁ 三相主触点熔焊断不开 2. 交流接触器 KM₁ 动、静铁心极面脏造成延时释放或不释放 3. 交流接触器 KM₁ 机械卡住	1. 更换交流接触器 KM₁ 三相主触点 2. 用干布擦净交流接触器 KM₁ 动、静铁心极面油污、铁锈等 3. 更换交流接触器 KM₁
• 1#泵在自动时,时启时断,不能正常工作	1. 自动控制电路接线松动、接触不良 2. 交流接触器 KM₁ 并联在低水位中间继电器 KA₂ 启泵用常开触点两端的常开触点接触不良或损坏,造成交流接触器 KM₁ 不能自锁,所以在水位稍微升高时 KA₂ 就断开	1. 检查 1#泵自动控制电路接线是否松动,并加以处理 2. 更换中间继电器 KA₂
• 1#泵不能自动启泵	1. 高水位中间继电器 KA₁ 常闭触点接触不良 2. 低水位中间继电器 KA₂ 常开触点闭合不了 3. 转换开关 SA 的 3、4 触点损坏断路	1. 更换中间继电器 KA₁ 2. 更换中间继电器 KA₂ 3. 更换转换开关 SA

故障现象	原　因	排除方法
• 2# 泵出现故障时不能延时自动启动 1# 泵	1. 2# 泵交流接触器 KM₂ 辅助常闭触点损坏断路 2. 时间继电器 KT₂ 线圈断路 3. 时间继电器 KT₂ 延时闭合的常开触点损坏闭合不了	1. 更换交流接触器 KM₂ 常闭触点 2. 更换时间继电器 KT₂ 线圈 3. 更换时间继电器延时闭合的常开触点或更换时间继电器
• 熔断器 FU₃ 熔断	1. 若熔芯熔断面积很小,可断定为过载 2. 若熔芯整个熔断,说明后面短路	1. 直接更换熔断芯 2. 用万用表检查找出熔断器后面电路短路处,并加以排除
• 2# 泵自动、手动控制均正常,但电动机 M₂ 不运转	1. 2# 泵电动机保护熔断器 FU₂ 断路 2. 交流接触器 KM₂ 三相主触点闭合不了或接触不良 3. 热继电器 FR₂ 热元件断路 4. 电动机 M₂ 绕组故障	1. 检查 FU₂ 熔断原因后并更换 2. 更换交流接触器 KM₂ 主触点 3. 更换热继电器 FR₂ 4. 修理电动机绕组线圈
• 转动选择开关 SA 时,1# 手动、1# 自动、2# 手动、2# 自动不对应	1. 若电路正常只是不对应,则需一一对应调换一下即可 2. 若电路工作不正常,也不是新安装的电路,也无他人修理过,则可能是碰线等原因所致	1. 找出各自电路,一一对应在转换开关上 2. 检查线路故障所在并加以处理

4.4　供水泵故障时备用泵自投电路维修技巧

1. 工作原理

供水泵故障时备用泵自投电路如图 4.8 所示。

低水位时,JYB714 电子式液位继电器内部继电器线圈得电吸合,其常开触点闭合,②、③为接通主泵电动机 M₁ 控制交流接触器 KM₁ 线圈的触点闭合,KM₁ 线圈得电吸合,KM₁ 三相主触点闭合,主泵电动机 M₁ 得电运转,供水泵向水箱内供水。同时,KM₁ 辅助常闭触点(1-3)断开,切断得电延时时间继电器 KT 线圈电源,使 KT 线圈不能得电吸合。这样,主泵电动机 M₁ 正常运转。

当主泵电动机 M₁ 运转过程中出现故障时,电动机电流增大,热继电器 FR₁ 动作,FR₁ 控制常闭触点(2-4)断开,切断主泵控制交流接触器

KM₁ 线圈回路电源,KM₁ 线圈断电释放,KM₁ 三相主触点断开,使故障主泵电动机 M₁ 失电停止运转;KM₁ 辅助常闭触点(1-3)恢复常闭状态,接通得电延时时间继电器 KT 线圈回路电源,KT 线圈得电吸合且开始延时。

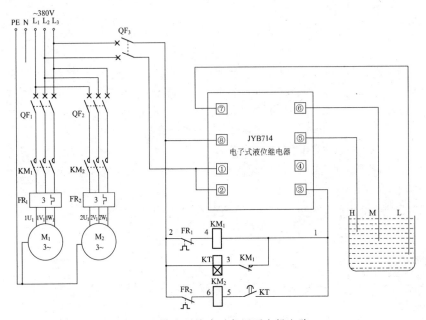

图 4.8 供水泵故障时备用泵自投电路

经 KT 延时后,KT 得电延时闭合的常开触点(1-5)闭合,接通备用泵电动机 M₂ 控制交流接触器 KM₂ 线圈回路电源,KM₂ 线圈得电吸合,其三相主触点闭合,备用泵电动机 M₂ 得电运转,供水泵向水箱内继续供水。

无论是主泵还是备用泵,当水箱内水位升至高水位时,JYB714 电子式液位继电器内部继电器线圈断电释放,其常开触点恢复常开,②、③脚断开,切断供水泵电动机控制交流接触器线圈回路电源,使水泵电动机失电而停止运转。

2. 常见故障及排除方法

① 低水位时,水泵电动机 M₁ 或 M₂ 不工作,配电箱内得电延时时间继电器 KT 线圈得电吸合动作。此故障原因通常是得电延时时间继电器 KT 的得电延时闭合的常开触点(1-5)损坏闭合不了所致。解决上述问题可用短接法试之,也就是说,用导线将 1# 线与 5# 线短接起来,若交流接

触器 KM_2 线圈能得电吸合工作,说明此 KT 触点(1-5)损坏,其前提是,KT 线圈始终是吸合工作的。因为 KT 线圈得电吸合工作,也说明水泵电动机 M_1 已出现过载而停机,但不能通过 KT 常开触点(1-5)闭合来延时转换接通 KM_2 线圈,也就不能使水泵电动机 M_2 备用自投。解决方法是更换新品 KT 后,故障即可排除。

　　② 低水位时,水泵电动机 M_1 先启动工作,一段时间后 M_2 也启动工作;高水位时,水泵电动机 M_1、M_2 同时停止工作。从电气原理图上可以看出,造成此故障的原因是交流接触器 KM_1 辅助常闭触点(1-3)损坏,处于闭合状态,断不开得电延时时间继电器 KT 线圈回路电源所致。这样在低水位时,交流接触器 KM_1 和得电延时时间继电器 KT 线圈同时得电吸合且 KT 开始延时,KM_1 三相主触点闭合,水泵电动机 M_1 得电启动运转。经 KT 一段时间延时后(也就是过了一会儿后),KT 得电延时闭合的常开触点(1-5)闭合,接通交流接触器 KM_2 线圈回路电源,KM_2 线圈得电吸合,KM_2 三相主触点闭合,水泵电动机 M_2 也得电启动运转。根据以上分析,故障点为 KM_1 辅助常闭触点(1-3)损坏断不开,需更换新品解决,故障排除。

4.5　三台供水泵电动机轮流定时控制电路维修技巧

1. 工作原理

三台供水泵电动机轮流定时控制电路如图 4.9 所示。

当转换开关 SA 置于手动位置时,通过按钮 SB_1、SB_2 启动、停止电动机 M_1;通过按钮 SB_3、SB_4 启动、停止电动机 M_2;通过按钮 SB_5、SB_6 启动、停止电动机 M_3。

当转换开关 SA 置于自动位置时,中间继电器 KA_1 和得电延时时间继电器 KT_1 线圈得电吸合,KA_1 常开触点(7-9)闭合,交流接触器 KM_1 线圈得电吸合,KM_1 三相主触点闭合,电动机 M_1 得电运转工作,使 1# 水泵运转。同时,得电延时时间继电器 KT_1 开始延时。在 KT_1 设定时间(2h)内,1# 泵运转工作。

经得电延时时间继电器 KT_1 延时后,其得电延时闭合的常开触点(23-29)闭合,接通了中间继电器 KA_2 和得电延时时间继电器 KT_2 线圈回路电源,KA_2 和 KT_2 线圈得电吸合且 KT_2 不延时瞬动常开触点(23-29)闭合自锁,KT_2 串联在 KT_1、KA_1 线圈回路中的不延时瞬动常闭触点(25-27)断开,切断了 KA$_1$、KT$_1$ 线圈回路电源,KA$_1$、KT$_1$ 线圈断电释放,KA$_1$ 常开触点(7-9)恢复常开,切断了交流接触器 KM$_1$ 线圈回路电源,KM$_1$ 线圈断电释放,KM$_1$ 三相主触点断开,电动机 M$_1$ 失电停止运转。同时中间继电器 KA$_2$ 常开触点(7-15)闭合,接通了交流接触器 KM$_2$ 线圈回路电源,KM$_2$ 线圈得电吸合,KM$_2$ 三相主触点闭合,电动机 M$_2$ 得电运转工作。此时得电延时时间继电器 KT$_2$ 开始延时。在 KT$_2$ 设定时间(2h)内,2$^\#$泵运转工作。

经得电延时时间继电器 KT$_2$ 延时后,其得电延时闭合的常开触点(23-33)闭合,接通了中间继电器 KA$_3$ 和得电延时时间继电器 KT$_3$ 线圈回路电源,KA$_3$ 和 KT$_3$ 线圈得电吸合且 KT$_3$ 不延时瞬动常开触点(23-33)闭合自锁,KT$_3$ 串联在 KT$_2$、KA$_2$ 线圈回路中的不延时瞬动常闭触点(29-31)断开,切断了 KA$_2$、KT$_2$ 线圈回路电源,KA$_2$、KT$_2$ 线圈断电释放,KA$_2$ 常开触点(9-15)恢复常开,切断了交流接触器 KM$_2$ 线圈回路电源,KM$_2$ 线圈断电释放,KM$_2$ 三相主触点断开,电动机 M$_2$ 失电停止运转。电动机 M$_2$ 定时退出运行。同时,中间继电器 KA$_3$ 的常闭触点(23-25)断开,保证 KT$_1$、KA$_1$ 线圈不能得电工作,起到互锁保护作用;此时中间继电器 KA$_3$ 的常开触点(9-21)闭合,接通了交流接触器 KM$_3$ 线圈回路电源,KM$_3$ 线圈得电吸合,KM$_3$ 三相主触点闭合,电动机 M$_3$ 得电运转工作。同时 KT$_3$ 得电延时时间继电器 KT$_3$ 开始延时。在 KT$_3$ 设定时间(2h)内,3$^\#$泵运转工作。

经得电延时时间继电器 KT$_3$ 延时后,其得电延时断开的常闭触点(9-23)断开,切断了 KA$_3$、KT$_3$ 线圈回路电源,KA$_3$、KT$_3$ 线圈断电释放,KA$_3$ 常开触点(9-21)恢复常开,切断了交流接触器 KM$_3$ 线圈回路电源,KM$_3$ 线圈断电释放,其三相主触点断开,电动机 M$_3$ 失电停止运转。电动机 M$_3$ 定时退出运行。同时 KT$_3$ 得电延时断开的常闭触点(9-23)又瞬间恢复常闭状态,又将中间继电器 KA$_1$、得电延时时间继电器 KT$_1$ 线圈回路接通,KA$_1$ 常开触点(7-9)闭合,接通了交流接触器 KM$_1$ 线圈回路电源,KM$_1$ 线圈得电吸合,其三相主触点闭合,电动机 M$_1$ 得电运转工作。此时,KT$_1$ 开始延时,又重新循环到起始状态,如此循环下去。

若在自动定时轮流运转时需停止运行,无论是哪台电动机运转,只需将转换开关 SA 置于手动位置即可。

需注意的是,当人为停止后再开机,其动作顺序都从头开始进行,没有中间记忆功能。

2. 常见故障及排除方法

① 手动时,按下电动机 M$_2$ 启动按钮 SB$_4$ 后,为点动控制。其故障原

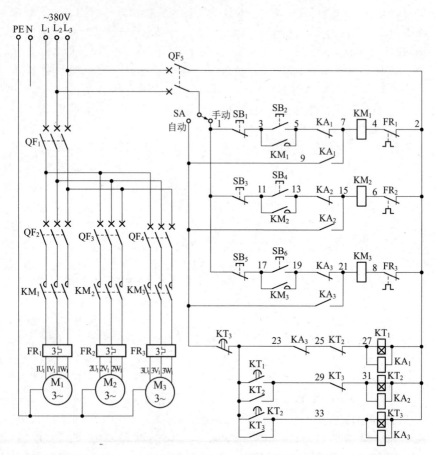

图 4.9 三台供水泵电动机轮流定时控制电路

因为与启动按钮 SB_4(11-13)并联的交流接触器 KM_2 辅助常开触点(11-13)损坏闭合不了或 $11^\#$ 线、$13^\#$ 线脱落。若 $11^\#$、$13^\#$ 导线没有脱落,那么故障部位则为 KM_2 辅助常开触点(11-13)损坏了,更换新品后,故障排除。

② 手动时,电动机 M_1、M_2、M_3 均运转正常;自动时,电动机 M_1、M_2、M_3 均不工作。用测电笔测试 $9^\#$ 线有电,用导线短接得电延时时间继电器 KT_3 的得电延时断开的常闭触点(9-23)后,电动机 M_1 运转;又过一会儿后,电动机 M_1 停止,电动机 M_2 运转;又过一会儿后,电动机 M_2 停止,电动机 M_3 工作。从以上情况可以判断,故障就出在 KT_3 得电延时断开的常闭触点(9-23)损坏,处于断开状态,使自动时控制电路无法工作。只

要更换一只 KT_3 得电延时时间继电器,故障即可排除。

4.6 用电接点压力表配合变频器实现供水恒压调速电路维修技巧

1. 工作原理

用电接点压力表配合变频器实现供水恒压调速电路如图 4.10 所示。从图 4.10 中不难看出,电接点压力表 SP 的高端(也就是上限)接至第 3 频率端子 3DF 上,再通过调整变频器内部第 3 频率电位器 3FV 来设定较低的运转速度。需要注意的是:电接点压力表 SP 不能安装在用水量较大的管路中,使用中可根据实际情况确定安装位置,以保护压力控制信号的正常提供。

工作前将主回路断路器 QF_1、控制回路断路器 QF_2、变频器控制回路断路器 QF_3 合上,指示灯 HL_1 亮,说明电路电源正常。

启动时,按下启动按钮 SB_2(3-5),交流接触器 KM 线圈得电吸合且 KM 辅助常开触点(3-5)闭合自锁,KM 三相主触点闭合,为变频器工作提供电源,同时 KM 辅助常闭触点(1-7)断开,电源指示灯 HL_1 灭,KM 辅助常开触点(1-9)闭合,运行指示灯 HL_2 亮,说明电路已运行。这时,变频器会按照设定的频率使电动机以一定速度运行,供水系统通过泵输出给水,随着管路水压的逐渐提高,当达到电接点压力表 SP 高端(上限)时,3DF 与 COM 连接,变频器的运行方式会按照预先设定的降速曲线降低水泵的运转速度,管路压力逐渐减小,电接点压力表 SP 高端(上限)与 COM 断开,变频器又按照预先设置的第 3 频率速度输出,水泵电动机又重新按照变频器升速曲线运转。如此这般地反复升速、降速从而实现恒压供水调速。

停止时,按下停止按钮 SB_1(1-3),交流接触器 KM 线圈断电释放,KM 三相主触点断开,变频器脱离电源停止工作,电动机失电停止运转,同时指示灯 HL_2 灭、HL_1 亮,说明变频器已停止工作。

当电动机出现过载时,热继电器 FR 串联在交流接触器 KM 线圈回路中的常闭触点(2-4)断开,切断了交流接触器 KM 线圈回路电源,KM 三相主触点断开,切断电动机三相电源,从而起到过载保护作用。同时热继电器 FR 常开触点(2-6)闭合,接通了过载指示灯 HL_3 回路电源,HL_3 亮,说明电动机已过载了。

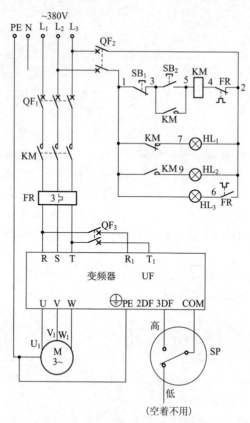

图 4.10 用电接点压力表配合变频器实现供水恒压调速电路

2. 常见故障及排除方法

① 自动正常,手动操作无效。此故障可能原因为手动/自动选择开关 SA(1-7)损坏;手动停止按钮 SB_1(7-9)接触不良或断路;手动启动按钮 SB_2(9-11)接触不良或开路。

对于第 1 种原因,检查手动/自动选择开关 SA(1-7)连线是否脱落,若脱落将脱落导线重新连接好;若没有脱落,可用万用表检查 SA(1-7)是否接触良好,若此触点损坏则更换一只新选择开关。

对于第 2 种原因,检查停止按钮 SB_1(7-9)是否正常,若断路,说明 SB_1 已损坏,换新品。

对于第 3 种原因,检查启动按钮 SB_2(9-11)闭合情况,也可采用短接法进行排查,并排除故障。

② 手动控制正常,在自动时能启动,可是电动机运转一会儿就停止

了,待一会儿电动机又重新启动运转,运转一会儿后又停了下来。手动控制正常,自动控制可以说也正常,其故障原因一般为 KM 并联在电接点压力表 SP(3-11)两端上的辅助常开触点(3-11)开路,造成自动时无自锁回路。因为在自动时,增压水罐内压力过低,会导致电接点压力表 SP(3-11)接通,交流接触器 KM 线圈得电吸合,KM 三相主触点闭合,水泵电动机启动运转;随着水罐压力逐渐增大,电接点压力表 SP 指针发生偏移,SP(3-11)触点断开,切断 KM 线圈回路电源,KM 线圈断电释放,KM 三相主触点断开,水泵电动机停止运转;随着罐内压力逐渐下降,电接点压力表 SP(3-11)又被接通,使 KM 线圈再次得电吸合,水泵电动机又重新运转起来,当压力稍有增大,SP(3-11)就会断开,因无 KM 自锁触点(3-11)而无法自锁,从而出现电动机运转一会儿停一会儿,又运转一会儿再停一会儿现象。此故障排除方法为更换 KM(3-11)辅助常开触点,或更换一只新的同型号交流接触器。

③ 无论手动还是自动控制,均出现水泵电动机运转不长时间就停止,在自动控制时,出现频繁启动、停止现象。首先观察配电箱内中间继电器 KA 的动作情况,若每次停止都是因 KA 动作而停止,则故障原因为电接点压力表 SP 上限值调节过小所致。重新调节 SP 上限值,故障即可排除。

第 5 章

电气设备控制电路维修

5.1 多条皮带运输原料控制电路维修技巧

1. 工作原理

图 5.1 所示是多条皮带运输原料控制电路。

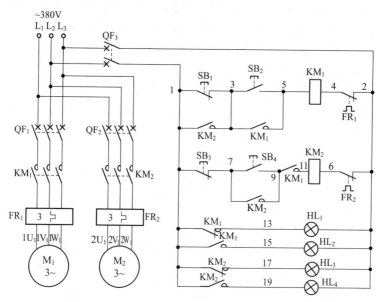

图 5.1 多条皮带运输原料控制电路

当按下启动按钮 SB$_2$ 后,接触器 KM$_1$ 线圈得电吸合,主触点闭合,使电动机 M$_1$ 得电运转,第 1 条皮带首先开始工作;由于 KM$_1$ 的吸合,自锁触点闭合,维持 KM$_1$ 的继续吸合,另一组 KM$_1$ 的辅助常开触点也同时闭合,为 KM$_2$ 的线圈电源回路的接通做好了准备,这时只要操作人员按下 SB$_4$,第 2 条皮带便可投入运行。与此同时,为了操作程序上的需要,KM$_2$ 辅助常开触点闭合并短接了停止按钮 SB$_1$,从而为先停 M$_2$ 电动机后才能再停 M$_1$ 控制回路做了必要的联锁限制。因此在停止运输皮带时,只要先按下 SB$_3$ 使 KM$_2$ 释放,即可解除停止按钮的短接线路。当 M$_2$ 停转后,操作 SB$_1$,才可使 M$_1$ 停转,从而实现按预定的程序控制电动机的启、停控制,做到正常有序地工作。

2. 常见故障及排除方法

① 启动时,电动机 M$_1$ 先启动运转,然后再启动电动机 M$_2$,启动顺序正常,但停止时,无需先停止电动机 M$_2$ 后再停止电动机 M$_1$,即电动机 M$_1$ 可随意停止。此故障原因为电动机 M$_2$ 控制回路交流接触器 KM$_2$ 并联在电动机 M$_1$ 控制电路停止按钮 SB$_1$ 上的辅助常开触点损坏不能闭合所致。因为 KM$_2$ 辅助常开触点不能闭合,就不能将停止按钮 SB$_1$ 短接起来,无法对 SB$_1$ 实施控制。更换 KM$_2$ 辅助常开触点后,故障排除。

② 电动机 M$_1$ 启动后,按下启动按钮 SB$_4$ 无效,电动机 M$_2$ 无法启动。此故障原因为电动机 M$_2$ 停止按钮 SB$_3$ 损坏;电动机 M$_2$ 启动按钮损坏;KM$_1$ 串联在 KM$_2$ 线圈回路中的常开触点损坏;KM$_2$ 线圈断路;热继电器 FR 常闭触点损坏。检查上述各器件找出故障点,从维修经验上看,KM$_1$ 串联在 KM$_2$ 线圈回路中的常开触点闭合不了的可能性最大,应重点检查。

5.2 卷扬机控制电路维修技巧(一)

1. 工作原理

卷扬机控制电路(一)如图 5.2 所示。

当需要提升(正转)时,按下正转启动按钮 SB$_2$,交流接触器 KM$_1$ 线圈得电吸合且自锁,KM$_1$ 三相主触点闭合,电磁抱闸 YB 线圈得电松开抱闸,电动机正转运行;倘若中途需落下(反转)时,直接按下反转按钮 SB$_3$ 无效,其原因是反转启动按钮无法控制正转 KM$_1$ 线圈电源,所以 KM$_1$ 线圈仍吸合,其串联在反转回路中的常闭触点断开了 KM$_2$ 线圈回路电源,使反转按钮 SB₃ 操作无效。若需反转,则必须先按下停止按钮 SB₁,使已吸合的正转交流接触器 KM₁ 线圈失电释放,其互锁常闭触点恢复常闭状态,才能进行反转操作,此时按下反转启动按钮 SB₃,交流接触器 KM₂ 线圈得电吸合且自锁,KM₂ 三相主触点闭合(三相电源中任意两相调换),电动机反转运行,若中间需要停车,则按下停止按钮 SB₁,此时电动机失电停止运行,同时电磁抱闸 YB 线圈失电,电磁抱闸制动,从而完成停止操作。

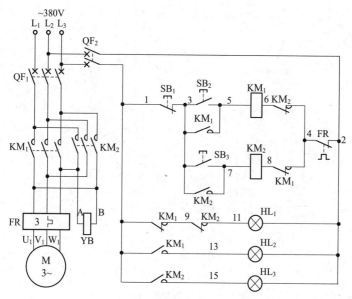

图 5.2 卷扬机控制电路(一)

2. 常见故障及排除方法

① 正转或反转均没有制动,电磁抱闸线圈 YB 动作。此故障为电磁抱闸机械部分未调整好所致。故障排除方法是重新调整电磁抱闸机械部分,使其在 YB 线圈断电后能可靠刹住设备。

② 无论正转还是反转均没有制动,电磁抱闸无反应。此故障原因为电磁抱闸线圈 YB 烧毁断路所致。查出烧毁原因,更换一只新的电磁抱闸线圈即可。

③ 正转正常,反转为点动。此故障为反转自锁回路的 KM₂ 辅助常开触点闭合不了所致。由于 KM₂ 自锁辅助常开触点断路,从而使反转电路变为点动操作。故障排除方法是更换 KM₂ 自锁辅助常开触点。

5.3 卷扬机控制电路维修技巧(二)

1. 工作原理

卷扬机控制电路(二)如图 5.3 所示。

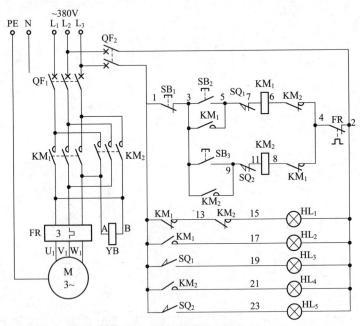

图 5.3 卷扬机控制电路(二)

上升时,按下上升启动按钮 SB_2,上升交流接触器 KM_1 线圈得电吸合且自锁,KM_1 三相主触点闭合,电动机得电运转,提升机上升;倘若技术人员在操作时没有能及时停机,那么上升到终端位置时限位开关 SQ_1 就会动作,将上升交流接触器 KM_1 线圈回路电源切断,KM_1 线圈断电释放,KM_1 主触点断开,电动机停止运转,从而起到保护作用。

下降与上升原理相同,这里不再讲述。

2. 常见故障及排除方法

① 下降超出极限位置时不能自动停机。此故障原因为下降限位开关 SQ_2 损坏或碰块碰不上限位开关 SQ_1 所致。检查碰块及限位开关 SQ_2 是否有问题,若 SQ_2 损坏则更换行程开关;若碰块碰不上则调整碰块位置,故障即可排除。

② 下降操作正常,而上升为点动操作。此故障原因为上升交流接触器 KM₁ 自锁回路故障。检查 KM₁ 自锁回路触点是否断路,若断路不能闭合,则需更换自锁触点。

5.4 用电流继电器控制龙门刨床工件夹紧电路维修技巧

1. 工作原理

用电流继电器控制龙门刨床工件夹紧电路如图 5.4 所示。

按下按钮 SB₂,线圈 KM₁ 通电,电动机正转,这时通过丝杆连动铁板向前推动,使放在工作台上的工件慢慢被夹紧。当夹紧杆上紧后,电动机发生堵转,这时电流增大,电流继电器 KI 动作,常闭触点断开,使线圈 KM₁ 断电,电动机停转,然后即可对工件进行操作;当加工完毕后需松开工件时,按下松开按钮 SB₃,线圈 KM₂ 通电,电动机反转,松开工件。

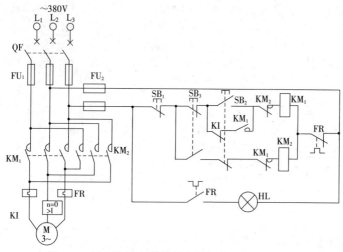

图 5.4 用电流继电器控制龙门刨床工件夹紧电路

2. 常见故障及排除方法

本电路的常见故障及排除方法见表 5.1。

表 5.1　常见故障及排除方法

故障现象	原　因	排除方法
• 过载故障指示灯 HL 点亮	• 电动机 M 过载	• 检查电动机过载原因并加以修复
• KM$_1$ 线圈吸合，但电动机"嗡嗡"响不转	1. KM$_1$ 三相主触点有一相断路而缺相 2. KM$_1$ 主触点上端或下端连线脱落或松动	1. 检查 KM$_1$ 断相处并加以处理 2. 连接好 KM$_1$ 导线紧固
• 按下按钮 SB$_2$，KM$_1$ 无反应（FU$_2$ 下端有电）	1. 按钮 SB$_1$ 损坏 2. 按钮 SB$_3$ 常闭触点接触不良 3. 按钮 SB$_2$ 损坏 4. KM$_2$ 常闭触点接触不良 5. KM$_1$ 线圈断路 6. FR 热继电器常闭触点接触不良或断路	1. 更换按钮 SB$_1$ 2. 更换按钮 SB$_3$ 3. 更换按钮 SB$_2$ 4. 更换 KM$_2$ 常闭触点 5. 更换 KM$_1$ 线圈 6. 更换 FR 热继电器
• 当发生堵转时，KM$_1$ 不断电	1. 电流继电器 KI 损坏 2. 电流继电器电流调整太大 3. 电流继电器常闭触点分不开	1. 更换电流继电器 KI 2. 重调 KI 电流动作值 3. 更换电流继电器
• 按下 SB$_2$ 正常，按 SB$_3$ 无反应（FU$_2$ 下端有电）	1. 按钮 SB$_2$ 常闭触点损坏 2. 按钮 SB$_3$ 损坏 3. KM$_1$ 常闭触点损坏 4. KM$_2$ 线圈断路	1. 更换按钮 SB$_2$ 2. 更换按钮 SB$_3$ 3. 更换 KM$_1$ 触点 4. 更换 KM$_2$ 线圈
• 按下 SB$_2$、SB$_3$，交流接触器 KM$_1$、KM$_2$ 工作正常，但电动机 M 不转	1. 电动机损坏 2. FR 热继电器热元件损坏 3. FU$_1$ L$_1$ 相断路（如果缺相，大部分情况能听到"嗡嗡"声） 4. 接线、连线松动或脱落	1. 更换或维修电动机 2. 更换热继电器 3. 修复 FU$_1$ 熔断器 4. 重新接好连线

5.5　用耐压机查找电动机接地点电路维修技巧

1. 工作原理

用耐压机查找电动机接地点电路如图 5.5 所示。

试验时，先将调压器 T$_1$ 调至最小处，并将试验电动机放在绝缘的地方，如高压胶垫上。

按下启动按钮 SB$_2$，交流接触器 KM 线圈得电吸合且自锁，KM 主触点闭合，此时可根据电压表 PV 慢慢提升调压器 T$_1$ 的电压，随之电压上

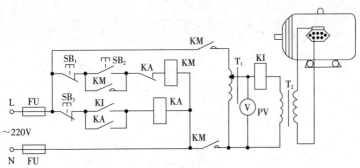

图 5.5 用耐压机查找电动机接地点电路

升,若线圈接地点起弧冒烟,立刻断电,此处即为故障点。

若操作时出现过电流,电流继电器 KI 动作,KI 常开触点闭合,接通中间继电器 KA 线圈回路,KA 常闭触点断开,切断交流接触器 KM 线圈电源,使其停止工作。

2.常见故障及排除方法

本电路的常见故障及排除方法见表 5.2。

表 5.2 常见故障及排除方法

故障现象	原　因	排除方法
• 按下启动按钮 SB₂ 为点动	• 接触器 KM 自锁触点损坏闭合不了	• 更换 KM 自锁触点
• 电流不超很正常,但过电流继电器 KI 动作	• 电流继电器 KI 电流调整不当	• 重新调整电流值
• 按下启动按钮 SB₂ 无任何反应	1. 熔断器 FU 熔断 2. 启动按钮 SB₂ 损坏 3. 停止按钮 SB₁ 损坏断路 4. 中间继电器串联在交流接触器 KM 线圈回路中的互锁常闭触点损坏 5. KM 线圈断路	1. 更换熔断芯 2. 更换 SB₂ 3. 更换 SB₁ 4. 更换中间继电器 KA 常闭触点 5. 更换 KM 线圈
• 按下 SB₂,KM 工作正常,电压表指示正常,但升压变压器 T₂ 无高压输出	• 升压变压器 T₂ 损坏	• 修理或更换升压变压器 T₂
• 工作时,电流增大但电流继电器 KI 不动作	• 电流继电器 KI 电流值调整过大	• 重新调整电流值

故障现象	原因	排除方法
• 工作时,超电流,但不能使交流接触器 KM 线圈回路断电释放	1.电流继电器 KI 故障 2.中间继电器 KA 线圈断路 3.中间继电器 KA 常闭触点断不开 4.交流接触器 KM 主触点熔焊断不开 5.交流接触器 KM 动、静铁心极面有油污释放慢	1.更换 KI 2.更换 KA 线圈 3.更换 KA 中间继电器 4.更换 KM 主触点 5.清除 KM 动、静铁心极面油污
• 电路正常,但电压表 PV 无指示	1.电压表 PV 损坏 2.电压表连线松动或脱落	1.更换电压表 PV 2.接好已脱落、松动的导线
• 按下 SB$_2$,交流接触器 KM 工作正常,但无高压输出	1.交流接触器 KM 主触点闭合不了 2.调压器 T$_1$ 故障 3.电流继电器线圈 KI 断路 4.升压变压器 T$_2$ 损坏	1.更换交流接触器 KM 主触点 2.更换或修理调压器 T$_1$ 3.更换电流继电器 KI 4.更换或修复升压变压器 T$_2$

5.6 车床空载自停电路维修技巧

1.工作原理

图 5.6 所示是车床空载自停电路。图中,SQ 为限位开关,它受主轴操纵杆的控制。按下按钮 SB$_2$,车床电动机启动运转,这时车工可操作操纵杆进行工作。在车工工作时,由连动杆使 SQ 断开,在加工停止时,车工控制操纵杆,打到空挡位置,连动杆便压下限位开关 SQ,此时得电延时时间继电器 KT 线圈得电吸合,如果在 KT 延时的时间内,限位开关没有复位,则 KT 将延时切断 KM 线圈电源,KM 断电释放,电动机停止。KT 延时的时间可根据车工操作的要求来设定。如果车工在车床操作时有较长一段时间不工作,即使启动了电动机,空载运行超过 KT 延时时间,也会自动停车,这样能节约大量电能。此电路应用广泛,简单而实用,将其加以改进应用到其他领域将会收到很好的效果。

2.常见故障及排除方法

本电路的常见故障及排除方法见表 5.3。

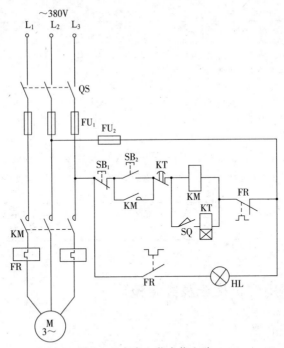

图 5.6　车床空载自停电路

表 5.3　常见故障及排除方法

故障现象	原　因	排除方法
• 按下 SB₂,KM 线圈不吸合,电动机不转	1. 按钮 SB₂ 损坏	1. 更换按钮 SB₂
	2. 按钮 SB₁ 损坏	2. 更换按钮 SB₁
	3. KT 延时断开的常闭触点接触不良	3. 更换 KT 常闭触点
	4. FR 热继电器常闭触点动作后不复位	4. 手动复位 FR 热继电器
	5. FU₂ 熔断	5. 恢复 FU₂
	6. FU₁ L₂、L₃ 相熔断	6. 恢复 FU₁
	7. QS 损坏	7. 修复 QS
• 电动机运转后,压下限位开关 SQ,KT 线圈不吸合,电动机不停止	1. SQ 限位开关损坏	1. 更换限位开关
	2. KT 线圈断路	2. 更换 KT 线圈
	3. KT 线圈回路连线断路	3. 重新连接导线

故障现象	原 因	排除方法
• 电动机运转后,压下限位开关 SQ,时间继电器 KT 线圈吸合,经延时后 KM 线圈不释放,电动机仍然工作,若此时按下停止按钮 SB₁,KM 释放,电动机停止工作	• KT 延时断开的常闭触点断不开	• 更换 KT 常闭触点
• 按下按钮 SB₂,电动机运转,松开 SB₂ 时,电动机即停止运转	1. KM 自锁触点断路 2. KM 自锁回路连线脱落	1. 更换 KM 自锁触点 2. 重新连接脱落导线
• 过载指示灯 HL 亮	• 电动机出现过载	• 可通过手动方式按下 FR 手动复位装置使其复位

5.7 交流电焊机接线及维修技巧

1. 工作原理

电焊机是焊接钢铁的主要设备。在焊接时,可根据焊接要求通过调节电抗器的间隙来改变焊接电流的大小。在起弧时,由于焊条与工件直接接触,电焊变压器次级处于短路状态,使次级电压快速下降至零,从而不会因电焊变压器电流过大而烧毁。工作原理及外形如图 5.7 所示。

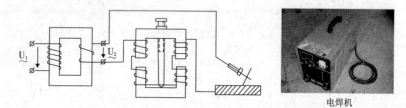

电焊机

图 5.7 电焊机工作原理图及外形

常用交流电焊机的一般接法用刀闸或空气断路器控制,如图 5.8 所示,当合上闸刀开关 QS 时,电焊机得电工作;当拉下闸刀开关 QS 时,电焊机停止工作。该线路是电焊机常用的且最简单的一种接线线路。

另外,为了更安全方便地控制电焊机,则采用按钮开关控制交流接触器线圈,实现远距离操作,其接线方法如图 5.9 所示。工作时,合上刀闸开关 QS,按下启动按钮 SB₁,交流接触器 KM 线圈得电吸合且自锁,KM

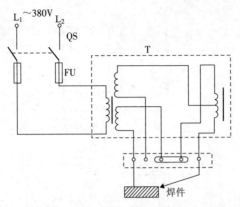

图 5.8 常用交流电焊机采用闸刀开关的具体接线方法

主触点闭合,电焊机通电工作;欲停止则按下停止按钮 SB$_2$,交流接触器 KM 线圈断电释放,主触点断开,电焊机断电停止工作。

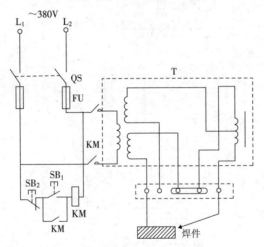

图 5.9 采用交流接触器控制电焊机的具体接线方法

　BX1 型电焊机接线如图 5.10 所示,BX3 型电焊机接线如图 5.11 所示,BX6 型电焊机接线如图 5.12 所示。

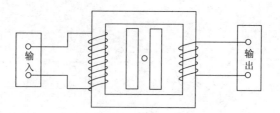

图 5.10　BX1 型电焊机接线

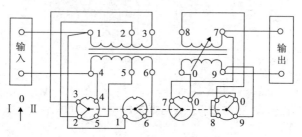

图 5.11　BX3 型电焊机接线

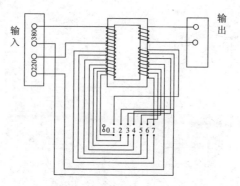

图 5.12　BX6 型电焊机接线

2. 常见故障及排除方法

电焊机的常见故障及排除方法见表 5.4。

表 5.4 电焊机常见故障及排除方法

故障现象	原　因	排除方法
• 焊机不起弧	1.电源没有电压	1.检查电源开关和熔断器的接通情况及电源电压
	2.电源电压过低	2.调整电源电压
	3.焊机接线错误	3.检查一次侧和二次侧的接线是否正确
	4.焊机线圈短路或断路	4.检修线圈
• 焊接电流过小	1.焊机功率过小	1.更换大功率的焊机或两台并联使用
	2.电源引线和焊接电缆过长,压降过大	2.减小导线长度或加大线径
	3.电源引线和焊接电缆盘成盘形,电感过大	3.将导线放开
	4.焊接电缆接头松动	4 将接头重新接好
• 焊机振动及响声过大	1.动铁心上的螺杆和拉紧弹簧松动或脱落	1.加固动铁心并拉紧弹簧
	2.动铁心或动圈的传动机构有故障	2.检修传动件
	3.移动滑道磨损严重,间隙过大	3.更换磨损的零件
	4.线圈短路	4.检修线圈
• 调节手柄摇不动或动铁心、动线圈不能移动	1.传动机构上油垢太多或已锈住	1.清洗或除锈
	2.传动机构磨损	2.检修或更换磨损的零件
	3.移动滑道上有障碍	3.清除障碍物
	4.BX₃系列焊机线圈的引出线拴住或挤在线圈中	4.清理线圈引出线
• 焊机线圈绝缘电阻太低	1.线圈受潮	1.在 100～110℃ 的烘干炉中烘干
	2.线圈长期过热、绝缘老化	2.检修线圈
• 导线接头处发热、发红或烧毁	1.接线处接触电阻过大或连接松动	1.将接线拆开,用细砂纸将接触处的污垢及氧化层擦去,然后拧紧螺母
	2.接线螺栓是铁制的	2.更换为铜制的
	3.焊接时间过长	3.按规定负载持续率进行焊接
• 熔断器经常熔断	1.电源线短路或接地	1.检查电源线的情况
	2.一次或二次绕组匝间短路	2.检修线圈
• 焊机外壳带电	1.线圈绝缘损坏,与铁心、外壳接触	1.用兆欧表检查线圈的对地绝缘电阻
	2.电源引线或焊接电缆碰外壳	2.检查电源引线和焊接电缆与接线板的连接情况
	3.无接地线或接地不良	3.接好地线

故障现象	原　因	排除方法
• 焊接电流过大	• 电抗线圈或二次绕组中起电抗作用的线圈绝缘损坏	• 检修线圈
• 焊接电流忽大忽小	1. 传动部件磨损,框架螺栓松动,滑道间隙过大,使动铁心位置不稳定	1. 更换损坏的零件,如系螺杆磨损,可将手柄调好位置后固定住使用
	2. 导线接触不好	2. 将导线重新接好
	3. 一台单人焊机两人同时使用	3. 停止一处
	4. 电源容量过小,其他用电设备的运行导致焊接电流变化	4. 提高电源容量或减少其他用电设备
• 焊机过热	1. 电源电压过高	1. 用电压表检查电源电压值并与焊机铭牌上的规定数值相对照
	2. 焊机过载	2. 按规定的负载持续率下的焊接电流值使用
	3. 焊机线圈短路	3. 检修线圈
	4. 铁心硅钢片短路	4. 清洗硅钢片,重浸绝缘漆
	5. 铁心夹紧螺杆及夹件的绝缘损坏	5. 加强绝缘

5.8　散装水泥自动称量控制电路维修技巧

1. 工作原理

散装水泥自动称量控制电路如图 5.13 所示。

散装水泥是通过振动给料电动机 M_2 驱动从罐中给料的,当电动机 M_1 转动时,就可以将水泥通过螺旋运输机进入称量斗,称量斗也是利用杠杆平衡原理带动的,一头装有水银开关 S_1、S_2,使开关导通或断开从而达到测量目的。

当水泥不够预定重量时,秤杆达不到平衡,水银开关处于导通位置,使 KA_1 得电吸合,电动机 M_1 运转,从而带动螺旋给料机不断给料;当水泥达到预定重量后,水银开关断开,电动机 M_1 停止供料,这时安装在秤杆上的行程开关 SQ 断开,使继电器 KA_2、KA_3 同时断电释放,从而使 M_2 振动给料器也停止工作,电磁铁 YA 释放,带动计数器计数。

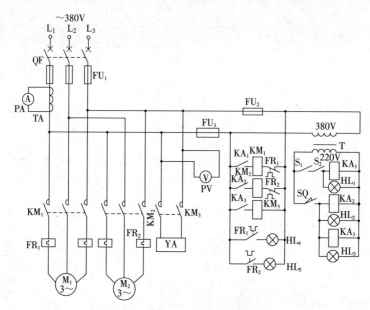

图 5.13 散装水泥自动称量控制电路

2. 常见故障及排作方法

本电路的常见故障及排除方法见表 5.5。

表 5.5 常见故障及排除方法

故障现象	原　因	排除方法
• 电压表无显示	1. 电压表 PV 损坏 2. QF 损坏 3. 熔断器 FU_1 熔断	1. 更换电压表 PV 2. 更换 QF 3. 更换熔断器 FU_1
• 熔断器 FU_2 熔断	• 变压器 T 短路	• 更换变压器 T
• 电动机 M_1 不运转	1. KM_1 吸合,电动机 M_1 不转,说明 KM_1 主触点损坏 2. FR_1 热继电器损坏 3. 电动机绕组损坏	1. 更换 KM_1 主触点 2. 更换热继电器 FR_1 3. 修复电动机绕组
• 按下 S_1、S_2,KA_1 线圈不工作(变压器二次侧 220V 供电正常)	• KA_1 线圈断路	• 更换 KA_1 线圈

故障现象	原　因	排除方法
• 松开 SQ 后,中间继电器 KA$_2$、KA$_3$,交流接触器 KM$_2$、KM$_3$,指示灯 HL$_3$、HL$_3$ 仍工作	• 行程开关 SQ 损坏断不开	• 更换行程开关 SQ
• KA$_1$ 断开后,KM$_1$ 仍然吸合	1. KA$_1$ 常开触点损坏断不开 2. KM$_1$ 机械部分卡住 3. KM$_1$ 主触点熔焊 4. KM$_1$ 动、静铁心极面有油污不释放	1. 更换 KA$_1$ 常开触点 2. 修理 KM$_1$ 机械卡住 3. 更换 KM$_1$ 主触点 4. 擦净油污
• KM$_3$ 吸合,电磁铁 YA 不工作	1. KM$_3$ 主触点不通 2. 电磁铁 YA 线圈断路	1. 更换 KM$_3$ 主触点 2. 更换电磁铁线圈
• KM$_2$ 不吸合	1. KA$_2$ 常开触点闭合不了 2. KM$_2$ 线圈断路 3. FR 常闭触点接触不良或过载了	1. 更换 KA$_2$ 常开触点 2. 更换 KM$_2$ 线圈 3. 更换热继电器 FR
• 电流表 PA 无反应	1. 电流表 PA 损坏 2. 电流互感器损坏	1. 更换电流表 2. 更换电流互感器
• 电动机 M$_1$、M$_2$ 均缺相	1. QF L$_2$ 相缺相 2. 熔断器 FU$_1$ L$_2$ 相缺相	1. 更换 QF 断路器 2. 修复 FU$_1$ 熔芯
• KM$_1$ 一吸合,FU$_1$ 就熔断	• 电动机 M$_1$ 损坏短路或接地	• 检查 M$_1$ 电动机短路或接地故障并排除
• HL$_4$ 指示灯亮	• 电动机 M$_1$ 过载	• 检查过载原因并排除
• HL$_5$ 指示灯亮	• 电动机 M$_2$ 过载	• 检查过载原因并排除

5.9　建筑混凝土搅拌机控制电路维修技巧

1. 工作原理

图 5.14 所示是建筑混凝土搅拌机控制电路。搅拌机电动机 M$_1$ 采用正、反转电路进行控制。料斗电动机 M$_2$ 上并联一个电磁铁 YA$_1$ 线圈,用此来进行制动。运行时 M$_2$ 通电运转,电磁铁也同时得电吸合,制动电动机 M$_2$ 轴上的制动闸瓦松开,使电动机运转;在停止时由于电动机断电,从而使电磁铁 YA$_1$ 也断电,在弹簧的作用下,制动电动机 M$_2$ 使它立即停转。

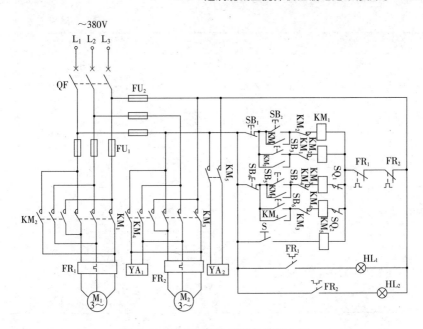

图 5.14 建筑混凝土搅拌机控制电路

2. 常见故障及排除方法

本电路的常见故障及排除方法见表 5.6。

表 5.6 常见故障及排除方法

故障现象	原　因	排除方法
• 按下 SB₂、SB₃ 无反应(此时按下 SB₅、SB₆、S 均正常)	• 此故障一般是停止按钮 SB₁ 损坏	• 更换按钮 SB₁ 开关
• FU₁ 熔断器熔断	1. 电动机 M₁ 有故障 2. FU₁ 熔断器下端有短路存在	1. 修理电动机 M₁ 2. 排除 FU₁ 下端短路故障
• 电动机 M₁、M₂ 均出现缺相	1. 三相电源缺相 2. 断路器 QF L₂ 相存在缺相	1. 检查并排除电源缺相 2. 更换断路器 QF
• 电动机 M₂ 无制动	• 电磁铁 YA₁ 线圈烧毁	• 更换 YA₁ 电磁铁线圈
• 合上加水开关 S, 电磁铁 YA₂ 无反应	1. 开关 S 损坏 2. 电磁铁线圈断路	1. 更换开关 S 2. 更换电磁铁线圈

故障现象	原　因	排除方法
• 过载指示灯 HL_1 亮	• 电动机 M_1 过载	• 检查并排除过载故障
• 按下 SB_5，电动机 M_2 工作正常，但无限位保护	• 限位开关 SQ_1 损坏断不开	• 更换限位开关 SQ_1
• 过载指示灯 HL_2 亮	• 电动机 M_2 过载	• 检查并排除过载故障
• 加水控制电路工作正常，但按下 SB_2、SB_3、SB_5、SB_6 均无反应	• 最大可能是热继电器 FR_1、FR_2 常闭触点接触不良或断路	• 更换 FR_1、FR_2 热继电器
• 电动机 M_2 正转运转正常，但反转缺相	• 交流接触器 KM_4 三相主触点有一相断路	• 更换 KM_4 主触点
• 电动机 M_1 反转工作正常，正转为点动	• 正转交流接触器 KM_1 自锁触点损坏或连线脱落	• 更换 KM_1 自锁触点并检查连线是否脱落
• 按下 SB_2 无反应(其他电路工作正常)	1. 互锁触点 KM_2 损坏 2. KM_1 线圈断路 3. 按钮 SB_2 损坏	1. 更换互锁触点 KM_2 2. 更换 KM_1 线圈 3. 更换按钮 SB_2

5.10　电磁抱闸制动式电控卷扬机控制电路维修技巧

1. 工作原理

图 5.15 所示是电磁抱闸制动式电控卷扬机控制电路，合上断路器 QF，指示灯 HL_2 亮，说明电源正常。

按下 SB_2，接触器 KM_1 线圈得电动作，电动机正转，此时指示灯 HL_2 灭、HL_3 亮，卷扬机向上运行；当运行到终端位置时，装载运动物体上的挡铁碰撞行程开关 SQ_1，使 SQ_1 的常闭触点断开，接触器 KM_1 线圈断电释放，电动机断电，运动部件停止运行，同时 SQ_1 常开触点闭合，接通指示灯 HL_5 电源使其点亮，说明电动机正转向上运行到位，与此同时指示灯 HL_3 灭、HL_2 亮，说明电动机已停止运转了。此时，即使再按 SB_2，接触器 KM_1 的线圈也不会得电，故保证了卷扬机不会越过 SQ_1 所在的位置。当按下 SB_3 时，接触器 KM_2 线圈得电动作，电动机反转，此时指示灯 HL_2 灭、HL_4 亮，卷扬机向下运行至挡铁碰撞行程开关 SQ_2 时，卷扬机停止工作，同时 SQ_2 常开触点闭合，接通指示灯 HL_6 电源使其点亮，说明电动机反转向下运行到位，与此同时指示灯 HL_4 灭、HL_2 亮，说明电动机已停止运转了。中间需要停车时，可按下停止按钮 SB_1。

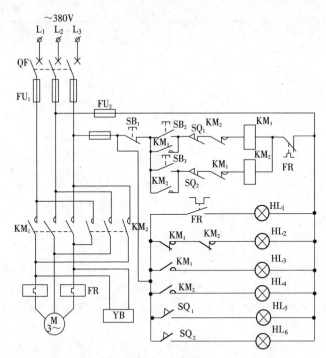

图 5.15 电磁抱闸制动式电控卷扬机控制电路

2.常见故障及排除方法

本电路的常见故障及排除方法见表5.7。

表 5.7 常见故障及排除方法

故障现象	原 因	排除方法
• 正转或反转运转时电动机运转吃力或无法转动	1.电磁抱闸线圈断路 2.电源缺相 3.电动机绕组一相烧毁	1.更换电磁抱闸线圈 2.检修电源 3.修复电动机绕组
• HL₁ 指示灯亮	• 过载	• 检查过载原因加以修复,并手动使 FR 复位
• 正转(上升)时终端无限位保护	1.限位开关 SQ₁ 损坏 2.KM₁ 铁心极面有油污 3.KM₁ 机械部分卡住 4.KM₁ 主触点熔断	1.修复更换 SQ₁ 2.拆下铁心清除油污 3.修复机械卡住现象 4.更换 KM₁ 主触点

故障现象	原　因	排除方法
• 按下 SB$_3$ 或 SB$_2$ 无反应	1. QF 损坏 2. FU$_1$ 熔断 3. FU$_2$ 熔断 4. SB$_1$ 损坏 5. FR 常闭触点损坏 6. SB$_2$ 损坏 7. SB$_3$ 损坏	1. 修复 QF 2. 恢复 FU$_1$ 熔芯 3. 恢复 FU$_2$ 熔芯 4. 更换按钮 SB$_1$ 5. 更换热继电器 FR 6. 更换按钮 SB$_2$ 7. 更换按钮 SB$_3$
• 正转正常，按下反转 SB$_3$ 无反应	1. 按钮 SB$_2$ 损坏 2. 行程开关 SQ$_2$ 损坏 3. 交流接触器 KM$_1$ 常闭触点损坏 4. 交流接触器 KM$_2$ 线圈断路	1. 更换按钮 SB$_2$ 2. 更换行程开关 SQ$_2$ 3. 更换 KM$_1$ 常闭触点 4. 更换 KM$_2$ 线圈
• 正转锁不住成为点动状态	• KM$_1$ 自锁触点损坏或 KM$_1$ 自锁回路连线脱落	• 更换 KM$_1$ 自锁触点或将连线恢复正常
• 按下 SB$_3$ 正常工作，按下 SB$_2$ 时，FU$_2$ 即刻熔断	• KM$_1$ 线圈短路损坏	• 更换 KM$_1$ 线圈并检查该回路是否存在短路问题
• 正转或反转启动正常，但按下停止按钮 SB$_1$ 时停不下机，卸下 FU$_2$ 即能停机	• 停止按钮 SB$_1$ 损坏断不开	• 更换停止按钮 SB$_1$

5.11　频敏变阻器手动启动控制电路维修技巧

1. 工作原理

频敏变阻器手动启动控制电路如图 5.16 所示。

启动时，按下启动按钮 SB$_2$，为了防止同时按下两只按钮 SB$_2$ 和 SB$_3$ 时出现全压直接启动现象，特将 SB$_2$ 的一组常闭触点串联在交流接触器 KM$_2$ 线圈回路中，起到保护作用，此时 SB$_2$ 的一组常闭触点(5-7)断开，切断交流接触器 KM$_2$ 线圈回路使其不能得电；SB$_2$ 的另一组常开触点 (3-5)闭合，接通了交流接触器 KM$_1$ 线圈回路电源，KM$_1$ 线圈得电吸合且 KM$_1$ 辅助常开触点(3-5)闭合自锁，KM$_1$ 三相主触点闭合，电动机绕线转子回路串频敏变阻器 RF 降压启动。当电动机转速升至接近额定转速时，再按下运转按钮 SB$_3$(7-9)，交流接触器 KM$_2$ 线圈得电吸合且 KM$_2$ 辅助常开触点(7-9)闭合自锁，KM$_2$ 三相主触点闭合，将电动机绕线转子

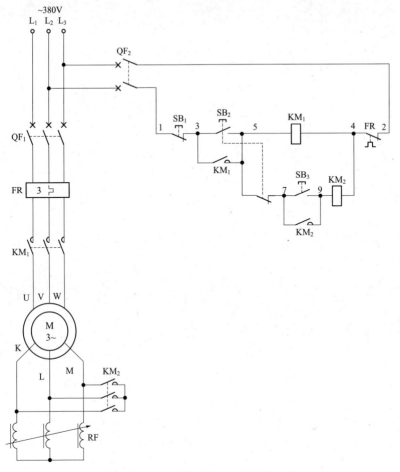

图 5.16 频敏变阻器手动启动控制电路

短接起来,电动机全压运转。

2.常见故障及排除方法

① 启动时,按下启动按钮 SB₂,电动机启动正常;再按下运转按钮 SB₃ 后,交流接触器 KM₂ 线圈得电吸合,电动机仍处于启动状态。此故障通常为交流接触器 KM₂ 三相触点中有一相或两相损坏闭合不了所致。可用万用表测出其通断情况,若不正常,换新品,故障排除。

② 启动时,未启动结束,热继电器 FR 就动作。用钳形电流表测量启动电流正常,怀疑热继电器电流设置偏小或自身损坏。经检查电流设置正常,只能更换热继电器,再试之一切正常,故障排除。

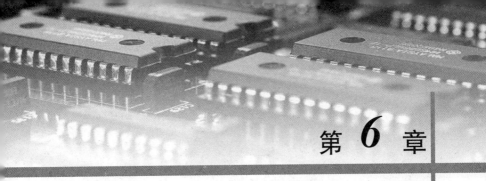

第 **6** 章

照明电路维修

6.1 白炽灯的常见故障及排除方法

白炽灯的常见故障及排除方法见表 6.1。

表 6.1 白炽灯的常见故障及排除方法

故障现象	原　因	排除方法
· 灯泡不亮	1. 灯丝烧断 2. 灯丝引线焊点开焊 3. 灯座开关接触不良 4. 线路中有断路 5. 电源熔丝烧断	1. 换用新灯泡 2. 重新焊牢焊点或换用新灯泡 3. 调整灯座、开关的接触点 4. 用测电笔、万能表判断断路位置后修复 5. 更换新熔丝
· 灯泡不亮,熔丝接上后马上烧断	· 电路或其他电器短路	· 检查电线是否绝缘老化或损坏,检查同一电路中其他电器是否短路
· 灯光忽明忽暗或熄灭	1. 灯座、开关接线松动 2. 熔丝接触不良 3. 电源电压不稳(配电不符合规定或有大负载设备超负载运行) 4. 灯泡灯丝已断,断口处相距很近,灯丝晃动后忽接忽离	1. 紧固 2. 检查紧固 3. 无需修理 4. 更换新灯泡

故障现象	原　因	排除方法
• 灯泡发强烈白光,瞬时烧坏	1.灯泡灯丝有搭丝造成电流过大 2.灯泡额定电压低于电源电压 3.灯泡漏气	1.更换新灯泡 2.注意灯泡使用电压 3.更换新灯泡
• 灯光暗淡	1.灯泡内钨丝蒸发后积聚在玻壳内表面使玻壳发乌,透光度减低;另一方面灯丝蒸发后变细,电阻增大,电流减小,光通量减小 2.电源电压过低或离电源点太远 3.线路绝缘不良有漏电现象,致使电压过低 4.灯泡外部积垢或积灰	1.正常现象,不必修理 2.可不必修理或改近电源点 3.检修线路,恢复绝缘 4.擦去灰垢

6.2　荧光灯的常见故障及排除方法

荧光灯的常见故障及排除方法见表 6.2。

表 6.2　荧光灯的常见故障及排除方法

故障现象	原　因	排除方法
• 灯管不亮	1.灯座触点接触不良,或电路接线松动 2.启辉器损坏,或与启辉器座接触不良 3.镇流器线圈或管内灯丝断裂或脱落 4.无电源	1.重新安装灯管,或重新接好导线 2.先旋动启辉器,看是否发亮,再检查线头是否脱落,排除后仍不发光,应更换启辉器 3.用万用表低电阻挡检查线圈和灯丝是否断路;20W 及以下灯管一端断丝,将该端的两个灯脚短路后,仍可应用 4.验明是否停电,或熔丝熔断
• 灯管光度减低	1.灯管使用太久的表现 2.空气温度太低 3.线路电压太低或线路压降太大	1.更换新灯管 2.升温或加罩 3.检查电压及线路用线
• 镇流器发热	1.灯架内温度过高 2.电路电压过高或容量过载 3.内部线圈或电容器短路,或接线不良 4.灯管闪烁时间或连续使用时间过长	1.改善装置方法 2.检查调整电压或调换镇流器 3.修理或更换镇流器 4.检查闪烁原因或减少连续使用时间

故障现象	原 因	排除方法
• 灯管发光后即刻熄灭	• 线路接错	• 摇动灯管若有声响,则说明灯丝脱落,检查线路并更换新灯管
• 关掉开关灯发微光	1. 荧光粉余辉发光 2. 火线直接接灯丝	1. 不影响使用 2. 火线接开关
• 灯管两端发亮,中间不亮	• 启辉器接触不良,或内部小电容击穿,或启辉器座线头脱落;或启辉器损坏	• 更换启辉器;或将击穿的电容剪去后继续使用
• 启辉困难(灯管两端不断闪烁,中间不亮)	1. 启辉器与灯管不配套 2. 电源电压过低 3. 环境温度过低 4. 镇流器规格与灯管不配套,启辉电流过小 5. 灯管衰老	1. 更换启辉器 2. 调整电源电压,使电压保持在额定值 3. 可用热毛巾在灯管上来回烫熨(但应注意安全,灯架和灯座不可触及和受潮) 4. 更换镇流器 5. 更换灯管
• 灯光闪烁或管内有螺旋形滚动光带	1. 启辉器或镇流器连接不良 2. 镇流器不配套,工作电流过大 3. 新灯管暂时现象 4. 灯管质量不良	1. 接好连接点 2. 更换镇流器 3. 使用一段时间后,会自行消失 4. 更换灯管
• 灯管两端发黑	1. 灯管衰老 2. 启辉不良 3. 电源电压过高 4. 镇流器不配套	1. 更换灯管 2. 排除启辉故障 3. 调整电源电压 4. 更换镇流器
• 镇流器声音异常	1. 铁心叠片松动 2. 线圈内部短路(伴随过热现象) 3. 电源电压过高	1. 固紧铁心 2. 更换线圈或整个镇流器 3. 调整电源电压
• 灯管寿命过短	1. 镇流器不配套 2. 开关次数过多 3. 接线错误,导致灯丝烧毁 4. 电源电压过高	1. 更换镇流器 2. 减少不必要的开关次数 3. 改正接线 4. 调整电源电压

6.3 高压汞灯的常见故障及排除方法

高压汞灯的常见故障及排除方法见表6.3。

表6.3　高压汞灯的常见故障及排除方法

故障现象	原　因	排除方法
·接通电源,灯不启辉(不发光)	1.灯泡寿终或灯泡损坏 2.停电 3.电源电压过低或线路压降太大 4.镇流器不匹配 5.开关接线柱上的线头松动 6.灯安装不正确 7.供电线路严重漏电 8.灯泡与灯座或线路中接触不良	1.更换灯泡 2.等待来电 3.调高电源电压,或采用升压变压器或加粗导线 4.调换规格合适的镇流器 5.重新接线 6.重新正确安装 7.检查线路,加强绝缘 8.旋紧灯泡或加固接线
·灯泡不亮	1.汞蒸气未达到足够的压力 2.电源电压过低 3.镇流器选用不当或接线错误 4.灯泡使用日久,已老化	1.若电源、灯泡都无故障,一般通电约5min,灯泡就会发出亮光 2.调高电源电压或采用升压变压器 3.调换规格合适的镇流器或纠正接线 4.更换灯泡
·接通电源,灯一亮即突然熄灭	1.电源电压过低 2.线路断线 3.灯座、镇流器和开关的接线松动 4.灯泡陈旧,使用寿命即将结束	1.调高电源电压或采用升压变压器 2.检查线路,查明并消除断路点 3.重新接线 4.更换灯泡
·灯忽亮忽灭	1.电源电压波动于启辉电压的临界值 2.灯座接触不良 3.灯泡螺口松动或镇流器有故障 4.连接线头不紧密 5.灯泡质量差	1.检查电源故障,必要时采用稳压型镇流器 2.修复或更换灯座 3.更换灯泡或更换镇流器 4.重新接线 5.调换质量合格的灯泡
·灯泡发出强光或瞬间烧毁,灯泡变为微暗蓝色	1.电源电压过高,将应接220V的电源电压错接于380V上 2.附带镇流器的灯泡,镇流器匝间短路或整体短路	1.检查电源,如接错电源,则应更正 2.更换与灯管配套的镇流器

故障现象	原　因	排除方法
	3.灯泡漏气,外壳玻璃损伤,裂纹漏气	3.更换为新灯泡
·接通电源,灯泡发光正常,但不久灯光即昏暗	1.电源负载太大 2.镇流器的沥青流出,绝缘强度降低 3.由于震动,灯泡损伤或接触松弛 4.通过灯泡的电流太大,灯泡使用寿命即将结束 5.灯泡连接线头松动	1.检查电源负载,降低电源负载 2.更换镇流器 3.消除震动现象或采用耐振型灯具 4.调整电源电压,使其正常,或采用较高电压的镇流器,然后更换灯泡 5.重新接线
·灯熄灭后,立即接通开关,灯长时间不亮	1.汞灯一般特性 2.灯罩过小或通风不良 3.灯泡损坏 4.电源电压下降,再起动时间延长	1.有碍工作时,可与白炽灯或荧光灯混用 2.换上大尺寸灯具或者改用小功率镇流器和小功率灯泡 3.更换灯泡 4.调高电源电压或采用适合电源电压的镇流器
·灯泡有闪烁现象	1.镇流器规格不合适或接线错误 2.电源电压下降 3.灯泡损坏	1.调换规格合适的镇流器或纠正接线 2.调整电源电压或采用升压变压器 3.更换灯泡
·只亮灯芯	·灯泡玻璃外壳破碎或漏气	·更换灯泡

6.4 高压钠灯的常见故障及排除方法

高压钠灯的常见故障及排除方法见表 6.4。

表 6.4 高压钠灯的常见故障及排除方法

故障现象	原　因	排除方法
·灯泡不亮	1.外壳漏气或放电管漏钠 2.镇流器损坏 3.灯座接触不良 4.线路中有断路故障	1.更换灯泡 2.更换镇流器 3.更换灯座 4.用测电笔或校火灯头检查断路处并修复

故障现象	原　因	排除方法
· 灯泡启动性能差	1.放电管内氙气变质或灯管电极发射性能变差 2.镇流器规格不符 3.触发器损坏或触发器安装离灯体太远	1.更换灯泡 2.更换镇流器 3.更换触发器或将触发器安装到离灯体近处

6.5 碘钨灯的常见故障及排除方法

碘钨灯的常见故障及排除方法见表 6.5。

表 6.5　碘钨灯的常见故障及排除方法

故障现象	原　因	排除方法
· 通电后灯管不亮	1.电源线路有断路处 2.保险丝熔断 3.灯脚与导线接触不良 4.开关有接触不良处 5.灯管损坏 6.因反复热胀冷缩使灯脚密封处松动,接触不良	1.检查供电线路,恢复供电 2.更换同规格保险丝 3.重新接线 4.检修或更换开关 5.更换灯管 6.更换灯管
· 灯管使用寿命短	1.安装水平倾斜度过大 2.电源电压波动较大 3.灯管质量差 4.灯管表面有油脂类物质	1.调整水平倾斜度,使其在 4°以下 2.加装交流稳压器 3.更换质量合格的灯管 4.断电后,将灯管表面擦拭干净

6.6 霓虹灯的常见故障及排除方法

霓虹灯的常见故间及排除方法见表 6.6。

表 6.6　霓虹灯的常见故障及排除方法

故障现象	原　因	排除方法
· 霓虹灯接通电源后灯管不亮或部分灯管不亮	1.电源停电或供电网路有故障 2.电源熔丝熔断或开关接	1.用试电笔测电源电压,判断网路是否停电或发生故障,再从网路上查找原因,并修复正常供电 2.检查电源熔丝是否熔断,如熔丝完好无损,再

故障现象	原　因	排除方法
• 霓虹灯接通电源后灯管不亮或部分灯管不亮	触不良	用万用表在断开开关电源情况下,检查开关闭合后触点是否接触良好,如开关损坏要更换
	3. 变压器高压侧短路或断路	3. 在断开电源情况下,用万用表电阻挡测霓虹灯变压器高压侧是否断路或短路,如检查出漏磁变压器损坏,要重新绕制高压侧线圈或更换变压器
	4. 不亮的一段灯管漏气	4. 查出灯管某一段不亮,如确认电源电压正常,要断开电源更换该段灯管
• 霓虹灯漏磁变压器在工作时,超过正常温度,温度过高	1. 漏磁变压器受潮,性能不良	1. 断开霓虹灯电源,取下漏磁变压器进行烘干处理
	2. 漏磁变压器超过额定负载	2. 减小霓虹灯变压器二次侧的负载或更换容量较大的漏磁变压器
	3. 漏磁变压器工作环境温度过高,并且通风散热不好	3. 在特殊情况下,变压器温度过高,要设法散热或用排风扇进行散热
	4. 漏磁变压器高压回路中有导电物接触,造成超负载	4. 检查霓虹灯变压器,消除导电接触物
• 霓虹灯只闪烁不能跳亮	1. 电源电压太低难以启辉	1. 用万用表测电源电压,如果比 220V 低 10% 以上时,要从线路上查找电源电压过低的原因并处理
	2. 漏磁变压器超负载	2. 更换较大的漏磁变压器
	3. 漏磁变压器高压侧有匝间短路现象	3. 用万用表电阻挡在断开电源情况下,检查漏磁变压器高压侧电阻是否比正常时小,判断变压器是否短路,如变压器短路,应重新绕制或更换
• 霓虹灯管电极附近发黑	1. 电源电压长时间过高	1. 用万用表测电源电压是否过高,如过高应从线路上查找原因,设法降低供电电压。如无法降低,也可采用较大功率的专用变压器先把电源电压降为正常值,然后再使用
	2. 灯管使用过久老化	2. 灯管使用过久老化要更换新灯管

6.7 可控硅调光灯的常见故障及排除方法

可控硅调光灯的常见故障及排除方法见表 6.7。

表 6.7　可控硅调光灯的常见故障及排除方法

故障现象	原　因	排除方法
• 接通电源后,灯泡不亮	1.电源插头接触不良	1.检修电源插头
	2.元器件有虚焊	2.检查虚焊点,重新焊接
	3.开关接触不良	3.打开开关,用砂纸打磨接触点,使触点接触良好,再重新装上
	4.470kΩ 电阻器接触不好	4.更换电阻器
	5.电容器击穿或可控硅损坏	5.检测电容器、双向可控硅,更换损坏的元器件
• 灯泡不能调亮	1.470kΩ 电阻器接触不好	1.更换电阻器
	2.电容器容量太大	2.更换容量较小的电容器
• 灯泡不能调暗	1.双向可控硅被击穿	1.更换新的双向可控硅
	2.470kΩ 电阻器接触不好	2.更换电阻器
	3.双向二极管被击穿	3.更换新的双向二极管
• 灯泡忽暗忽亮	1.电路元器件有虚焊	1.检查虚焊点,重新焊接
	2.470kΩ 电阻器接触不良	2.检测电阻器,进行更换
	3.灯泡与灯座接触不良	3.检修或更换灯座

6.8　开关的常见故障及排除方法

开关的常见故障及排除方法见表 6.8。

表 6.8　开关的常见故障及排除方法

故障现象	原　因	排除方法
• 开关操作后电路不通	1.接线螺丝松脱,导线与开关导体不能接触	1.打开开关,紧固接线螺丝
	2.内部有杂物,使开关触片不能接触	2.打开开关,清除杂物
	3.机械卡死,拨拉不动	3.给机械部位加润滑油,机械部分损坏严重时,应更换开关
• 接触不良	1.压线螺丝松脱	1.打开开关盖,压紧接线螺丝
	2.开关接线处铝导线与铜压接头形成氧化层	2.换成搪锡处理的铜导线或铝导线
	3.开关触头上有污物	3.断电后,清除污物
	4.拉线开关触头磨损、打滑或烧毛	4.断电后修理或更换开关
• 开关烧坏	1.负载短路	1.处理短路点,并恢复供电
	2.长期过载	2.减轻负载或更换容量大一级的开关

续表 6.8

故障现象	原 因	排除方法
·漏电	1. 开关防护盖损坏或开关内部接线头外露	1. 重新配置开关盖,并接好开关的电源连接线
	2. 受潮或受雨淋	2. 断电后进行烘干处理,并加装防雨措施

6.9 插座的常见故障及排除方法

插座的常见故障及排除方法见表 6.9。

表 6.9 插座的常见故障及排除方法

故障现象	原 因	排除方法
·插头插上后不通电或接触不良	1. 插头压线螺丝松动,连接导线与插头片接触不良	1. 打开插头,重新压接导线与插头的连接螺丝
	2. 插头根部电源线在绝缘皮内部折断,造成时通时断	2. 剪断插头端部一段导线,重新连接
	3. 插座口过松或插座触片位置偏移,使插头接触不上	3. 断电后,将插座触片收拢一些,使其与插头接触良好
	4. 插座引线与插座压接导线螺丝松开,引起接触不良	4. 重新连接插座电源线,并旋紧螺丝
·插座烧坏	1. 插座长期过载	1. 减轻负载或更换容量大的插座
	2. 插座连接处接触不良	2. 紧固螺丝,使导线与触片连接好并清除生锈物
	3. 插座局部漏电引起短路	3. 更换插座
·插座短路	1. 导线接头有毛刺,在插座内松脱引起短路	1. 重新连接导线与插座,在接线时要注意将接线毛刺清除
	2. 插座的两插口相距过近,插头插入后碰连引起短路	2. 断电后,打开插座修理
	3. 插头内接线螺丝脱落引起短路	3. 重新把紧固螺丝旋进螺母位置,固定紧
	4. 插头负载端短路,插头插入后引起弧光短路	4. 消除负载短路故障后,断电更换同型号的插座

6.10 管形氙灯接线维修技巧

1.工作原理

图 6.1 所示是管形氙灯接线方法。图 6.1 中,1 为高压输出端,电压很高,注意绝缘。触发控制端在触发时有很大电流,需外配接一只 CJX1-22(图 6.2),或 CDC10-20 型主触点电流在 20A 以上的交流接触器 KM(图 6.3),也可以采用 CDC10-10 型产品(图 6.4),将其触点多只并联即可,线圈电压为 220V。在启动操作时,按下启动按钮 SB,灯管即可点亮,停止工作时拉下 QS 刀开关即可。图 6.1 中,1、2 端接灯管两端,3、4 端接电源 220V。

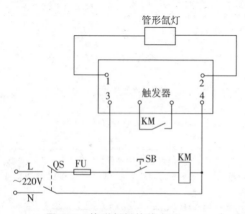

图 6.1 管形氙灯接线方法

图 6.2 CJX1-22 型交流接触器外形

图 6.3 CDC10-20 型交流接触器外形

图 6.4 CDC10-10 型交流接触器外形

2. 常见故障及排除方法

管形氙灯接线的常见故障及排除方法见表 6.10。

表 6.10 常见故障及排除方法

故障现象	原　因	排除方法
• 按下 SB,交流接触器 KM 线圈不动作	1. 刀开关 QS 断路 2. 熔断器 FU 熔断 3. 按钮开关 SB 损坏 4. KM 线圈断路	1. 修复断路处 2. 修复熔断器 3. 更换按钮开关 SB 4. 更换 KM 线圈
• 按下 SB,交流接触器 KM 线圈吸合动作,但灯不亮	1. KM 常开触点接触不良或断路 2. 触发器 3、4 端电源没有接好 3. 灯管损坏	1. 更换 KM 常开触点 2. 接好触发器连线 3. 更换新灯管
• 合上 QS,熔断器 FU 立即熔断	1. FU 熔断器熔芯太细 2. 触发器短路	1. 更换大容量的熔芯 2. 更换触发器
• 输出端放电	• 输出瓷柱上有灰尘	• 清理灰尘
• 按下 SB 时,FU 即熔断	• KM 线圈短路	• 更换 KM 线圈

6.11 双联开关两地控制一盏灯电路维修技巧

1. 工作原理

双联开关两地控制一盏灯电路如图 6.5 所示。

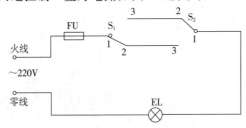

图 6.5 用两只双联开关在两地控制一盏灯的电路

2. 常见故障及排除方法

本电路的常见故障及排除方法见表 6.11。

表 6.11 常见故障及排除方法

故障现象	原　因	排除方法
• 合上 S_1 或 S_2 灯不亮	1. S_1 损坏 2. S_2 损坏 3. 连线接触不良或断线 4. 灯泡损坏 5. 灯口接触不良 6. FU 熔断	1. 更换 S_1 开关 2. 更换 S_2 开关 3. 查出断线点加以恢复 4. 更换灯泡 5. 修复灯口 6. 查出原因,并修复熔断器 FU
• 合上 S_1 灯亮,断开 S_2 无反应	S_2 开关 1、2 触点断不开	更换开关 S_2
• S_2 开关位置在上端时,分、合 S_1 无任何反应,S_2 开关位置在下端时,分、合 S_1 正常;当 S_1 开关位置在上端时,分、合开关 S_2 无效,S_1 开关位置在下端时,分、合开关 S_2 正常	S_2 开关公共线与控制线接错所致	• 检查并恢复正确接线

6.12 楼房走廊照明灯自动延时关灯电路维修技巧

1. 工作原理

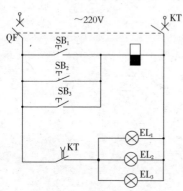

图 6.6 楼房走廊照明灯
自动延时关灯

楼房走廊照明灯自动延时关灯电路如图 6.6 所示。图 6.6 中,延时时间继电器选用 JS7-3A 或 JS7-4A 型断电延时时间继电器,线圈电压为 220V。这种延时时间继电器在线圈得电后所有触点立即转态动作,即常开立即变成常闭,常闭立即变成常开,使 KT 吸合,然后在线圈失电后延迟一段时间触点才恢复原来状态。此电路采用的是失电延时断开的常开触点。

2. 常见故障及排除方法

本电路的常见故障及排除方法见表 6.12。

表 6.12 常见故障及排除方法

故障现象	原　因	排除方法
• 按下任意按钮 SB₁、SB₂、SB₃,KT 吸合但灯不亮	• KT 断电延时断开的常开触点损坏	• 更换
• 按下任意按钮无反应	1. QF 断路或动作跳闸 2. KT 线圈断路	1. 恢复 2. 更换
• 按下按钮开关,KT 吸合但松开后 KT 不延时	1. 延时时间调得太小 2. 延时部分损坏	1. 重新调整 2. 更换
• 不用按按钮,灯长亮不受控制	• KT 触点熔焊或分不开	• 更换

6.13 日光灯常见接线及维修技巧

1. 工作原理

日光灯常见接线方法见表 6.13。

表 6.13 日光灯常见接线方法

名　称	图　示	说　明
一般的接法	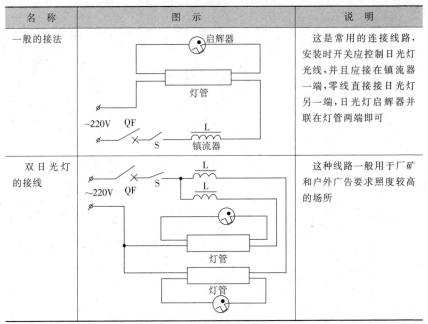	这是常用的连接线路,安装时开关应控制日光灯光线,并且应接在镇流器一端,零线直接接日光灯另一端,日光灯启辉器并联在灯管两端即可
双日光灯的接线		这种线路一般用于厂矿和户外广告要求照度较高的场所

名　称	图　示	说　明
用直流电点燃日光灯的接法		线路中 R_1 和 R_2 为0.25 Ω 电阻,电容 C 可在 0.1~1μF 范围内选用,改变 C 值间歇振荡的频率也会改变。变压器 T 的 T_1 和 T_2 为 40 匝,线径为 0.35mm;T_3 为 450 匝,线径为 0.21mm
快速启辉器的接法		用一只二极管和一只电容器可组成一只电子启辉器,其启辉速度快,可大大减少日光灯管的预热时间,从而延长日光灯管的使用寿命,在冬天用此启辉器可达到一次性快速启动
电子镇流器接法		它采用改变频率的方法将 50Hz 交流电逆变成 30kHz 高频点燃灯管
具有无功功率补偿的接法		电容器的大小与日光灯功率有关,日光灯功率为 15~20W 时,选配电容容量为2.5μF;日光灯功率为 30W 时,选配电容容量 3.75μF;日光灯功率为 40W 时,选配电容容量 4.75μF,所选配的电容耐压均为 400V
四线镇流器接法		四线镇流器有 4 根引线,分主、副线圈,把镇流器接入电路前,必须看清接线说明,分清主副线圈。可用万用表测量检测,阻值大的为主线圈,阻值小的为副线圈

名　　称	图　　示	说　　明
环形荧光灯的接法		这种荧光灯将灯管的两对灯丝引线集中安装在一个接线板上,启辉器插座兼做灯管插座,使接线变得简单
U 形荧光灯的接法		使用时需配用相应功率的启动器和镇流器
H 形荧光灯的接法		H 形荧光灯必须配专用的 H 灯灯座,镇流器必须根据灯管功率来配置,切勿用普通的直管形荧光灯镇流器来代替

2.常见故障及排除方法

日光灯的常见故障及排除方法见表 6.14。

表 6.14 日光灯的常见故障及排除方法

故障现象	原　　因	排除方法
• 日光灯管不能发光或发光困难	1.电源电压过低或电源线路较长,造成电压降过大 2.镇流器与灯管规格不配套或镇流器内部断路	1.有条件时调整电源电压;线路较长应加粗导线 2.更换与灯管配套的镇流器
• 日光灯管不能发光或发光困难	1.灯管灯丝断丝或灯管漏气 2.启辉器陈旧损坏或内部电容器短路 3.新装日光灯接线错误 4.灯管与灯脚或启辉器与启辉器座接触不良 5.气温太低难以启辉	1.更换新日光灯管 2.用万用表检查启辉器里的电容器是否短路,如短路则应更换新启辉器 3.断开电源及时更正错误线路 4.一般日光灯灯脚与灯管接触处最容易接触不良,应检查修复,另外,用手重新装调启辉器与启辉器座,使之良好配接 5.进行灯管加热、加罩或换用低温灯管

故障现象	原　因	排除方法
• 日光灯的镇流器过热	1.气温太高,灯架内温度过高 2.电源电压过高 3.镇流器质量差,线圈内部匝间短路或接线不牢 4.灯管闪烁时间过长 5.新装日光灯接线有误 6.镇流器与日光灯管不配套	1.保持通风,改善日光灯环境温度 2.检查电源 3.旋紧接线端子,必要时更换新镇流器 4.检查闪烁原因,灯管与灯脚接触不良时要加固处理,启辉器质量差要更换,日光灯管质量差引起闪烁,严重时也需要更换 5.对照日光灯线路图进行更改 6.更换与日光灯管配套的镇流器
• 噪声太大或对无线电干扰	1.镇流器质量较差或铁心硅钢片未夹紧 2.电路上的电压过高,引起镇流器发出声音 3.启辉器质量较差引起启辉时出现杂声 4.镇流器过载或内部有短路处 5.启辉器电容器失效开路,或电路中某处接触不良 6.电视机或收音机与日光灯距离太近引起干扰	1.更换新的配套镇流器或紧固硅钢片铁心 2.如电压过高,要找出原因,设法降低线路电压 3.更换新启辉器 4.检查镇流器过载原因(如是否与灯管配套,电压是否过高,气温是否过高,有无短路现象等)并处理;镇流器短路时应换新镇流器 5.更换启辉器或在电路上加装电容器或在进线上加滤波器 6.电视机、收音机与日光灯的距离要尽可能远些
• 日光灯管寿命太短或瞬间烧坏	1.镇流器与日光灯管不配套 2.镇流器质量差或镇流器自身有短路致使加到灯管上的电压过高 3.电源电压太高 4.开关次数太多或启辉器质量差引起长时间灯管闪烁 5.日光灯管受到震动致使灯丝震断或漏气 6.新装日光灯接线有误	1.换接与日光灯管配套的新镇流器 2.镇流器质量差或有短路处时要及时更换新镇流器 3.电压过高时找出原因并加以处理 4.尽可能减少开关日光灯的次数或更换新的启辉器 5.改善安装位置,避免强烈震动,然后再换新灯管 6.更正线路接错之处
• 日光灯亮度降低	1.温度太低或冷风直吹灯管 2.灯管老化陈旧 3.线路电压太低或压降太大 4.灯管上积垢太多	1.加防护罩并回避冷风直吹 2.严重时更换新灯管 3.检查线路电压太低的原因,有条件时调整线路或加粗导线截面使电压升高 4.断电后清洗灯管并做烘干处理

故障现象	原　因	排除方法
• 灯光闪烁或光有滚动	1. 更换新灯管后出现的短暂现象 2. 单根灯管常见现象 3. 日光灯启辉器质量不佳或损坏 4. 镇流器与日光灯不配套或有接触不良处	1. 一般使用一段后即可好转,有时将灯管两端对调一下即可正常 2. 有条件可改用双灯管解决 3. 换新启辉器 4. 调换与日光灯管配套的镇流器或检查接线有无松动,进行加固处理
• 日光灯在关闭开关后,夜晚有时会有微弱亮光	1. 线路潮湿,开关有漏电现象 2. 开关不是接在火线上而错接在零线上	1. 进行烘干或绝缘处理,开关漏电严重时应更换新开关 2. 把开关接在火线上
• 日光灯管两头发黑或产生黑斑	1. 电源电压过高 2. 启辉器质量不好,接线不牢,引起长时间的闪烁 3. 镇流器与日光灯管不配套 4. 灯管内水银凝结(是细灯管常见的现象) 5. 启辉器短路,使新灯管阴极发射物质加速蒸发而老化,更换新启辉器后,亦有此现象 6. 灯管使用时间过长,老化陈旧	1. 处理电压升高的故障 2. 换新启辉器 3. 更换与日光灯配套的镇流器 4. 启动后即能蒸发也可将灯管旋转180°后再使用 5. 更换新的启辉器和新的灯管 6. 更换新灯管
• 日光灯灯头抖动及灯管两头发光	1. 日光灯接线有误或灯脚与灯管接触不良 2. 电源电压太低或线路太长,导线太细,导致电压降太大 3. 启辉器本身短路或启辉器座两接触头短路 4. 镇流器与灯管不配套或内部接触不良 5. 灯丝上电子发射物质耗尽,放电作用降低 6. 气温较低,难以启辉	1. 更正错误线路或修理加固灯脚接触头 2. 检查线路及电源电压,有条件时调整电压或加粗导线截面积 3. 更换启辉器,修复启辉器座的触片位置或更换启辉器座 4. 配换适当的镇流器,加固接线 5. 换新日光灯管 6. 进行灯管加热或加罩处理

6.14 延长冷库照明灯泡寿命电路维修技巧

1. 工作原理

延长冷库照明灯泡寿命电路如图 6.7 所示。

电路中 KT$_1$ 为得电延时时间继电器,KT$_2$ 为失电延时时间继电器。开灯时,合上灯开关 S,得电延时时间继电器 KT$_1$ 和失电延时时间继电器 KT$_2$ 线圈同时得电吸合,KT$_2$ 失电延时断开的常开触点立即闭合,照明灯电路在串入整流二极管 VD 的作用下灯泡两端的电压仅为 99V,进行低电压预热开灯,待得电延时时间继电器 KT$_1$ 延时后,KT$_1$ 得电延时闭合的常开触点闭合,从而短接了整流二极管 VD,照明灯全电压正常点亮。

关灯时,断开开关 S,KT$_1$、KT$_2$ 线圈均断电释放,KT$_1$ 得电延时闭合的常开触点立即断开,使整流二极管 VD 又重新串入电路中,而失电延时断开的常开触点由于延时时间未到仍处于闭合状态,照明灯 EL 载入低电压准备熄灯,经 KT$_2$ 延时后,KT$_2$ 触点断开,电灯熄灭,也就是说,开灯时,先低电压预热再全压点亮;而在关灯时,则不全压关灯,而是经低电压降温后再熄灭。这样就大大延长了照明灯的使用寿命。

若冷库照明灯很多,时间继电器触点容量不够,可采用图 6.8 所示电路进行扩容。图 6.8 电路中整流二极管可根据负荷电流而定,但耐压必须大于 400V;KT$_1$ 选用 JS7-1A 或 JS7-2A 型得电延时时间继电器,线圈电压为 220V;KT$_2$ 选用 JS7-3A 或 JS7-4A 型失电延时时间继电器,线圈电压为 220V;KA$_1$、KA$_2$ 选用 JZ7-44 型中间继电器,线圈电压为 220V。

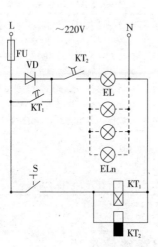

图 6.7　延长冷库照明灯泡寿命电路

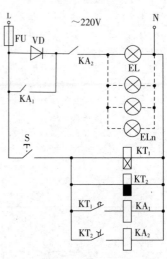

图 6.8　扩容电路

2.常见故障及排除方法

图 6.7 所示电路的常见故障及排除方法见表 6.15。

表 6.15 常见故障及排除方法

故障现象	原 因	排除方法
• 合上 S,灯不亮,短接 KA$_2$ 常开触点,灯亮,短接 S 无反应	• KT$_1$、KT$_2$、KA$_1$、KA$_2$ 线圈导线脱落	• 检查恢复接线
• 合上 S,灯 EL 即全压亮,继电器 KT$_1$、KT$_2$、KA$_1$、KA$_2$ 均动作	1. KT$_1$ 时间继电器延时时间调整过短 2. KA$_1$ 常开触点分不开 3. KA$_1$ 机械部分卡住 4. 整流二极管 VD 短路	1. 重调 2. 换新 3. 修理 4. 更换
• 关灯时,不降压延时关灯	• KT$_2$ 时间继电器延时时间调整过短	• 重调
• 合上 S,开始灯不亮,几秒钟后全压点亮,而关灯时没有降压步骤	1. 整流二极管烧坏断路 2. 与整流二极管连接的导线脱落	1. 更换 2. 检查重接

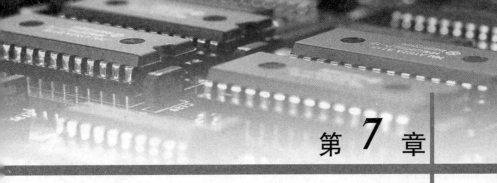

第 7 章

保护电路维修

7.1 电动机加密控制电路维修技巧

1. 工作原理

电动机加密控制电路如图 7.1 所示。电路很简单,就是采用加密操作,也就是说操作者在转动时,必须同时按下两只启动按钮 SB_2、SB_3 (SB_2、SB_3 可以安装在不同位置或不易被他人发现的地方),交流接触器 KM 线圈得电吸合且 KM 辅助常开触点(3-7)闭合自锁,KM 三相主触点闭合,电动机得电运转,机器才能转动工作,同时指示灯 HL_1 灭、HL_2 亮,说明电动机已运转工作了。

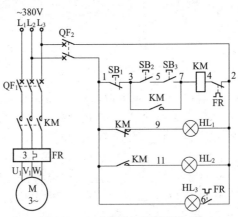

图 7.1 电动机的加密控制电路

2.常见故障及排除方法

① 同时按下启动按钮 SB_2、SB_3,交流接触器 KM 线圈不吸合。用导线短接按钮 SB_2、SB_3 时,交流接触器 KM 线圈能吸合工作,说明故障在按钮 SB_2、SB_3 上,检查 SB_2、SB_3 两只按钮,找出故障器件,电路即可恢复正常工作。

② 按下启动按钮 SB_2、SB_3,为点动状态而无法自锁。此故障原因为自锁回路故障,重点检查 KM 自锁触点是否正常,若不正常则更换自锁触点,电路恢复正常。

7.2　零序电压缺相保护电路维修技巧

1.工作原理

零序电压缺相保护电路如图 7.2 所示。

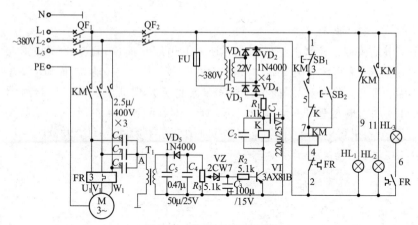

图 7.2　零序电压断相保护

从图 7.2 中可以看出,它的缺相检测是采用三只电容器 C_6、C_7、C_8 组成的人为中性点 A。大家都学过,当三相电源正常时(无缺相),其中性点电位为 0,那么变压器 T_1 二次侧就无电压输出,所以三极管 VT(3AX81B)处于截止状态,小型灵敏继电器 K(JRX-13F)线圈得不到电压而吸合不了,那么 K 的常闭触点(5-7)仍保持闭合状态。倘若电网三相电压不平衡或三相电源缺相时,此时的中性点"A"的电位就不是 0 了,这时变压器 T_2 就有电压输出,经过二极管 VD_5(1N4000)整流,电容 C_5

$(0.47\mu F)$滤波、稳压管 VZ$(2CW7)$、电阻 $R_3$$(5.1k\Omega)$、电容 $C_3$$(100\mu F/15V)$延时后送至三极管 VT$(3AX81B)$基极,使三极管导通,小型灵敏继电器 K 线圈得电吸合,其触点转态,常闭触点立即断开。上述是保护器的动作原理,通过电路图不难看出,小型灵敏继电器的常闭触点$(5-7)$就串联在电动机控制电路交流接触器线圈回路中,在没有缺相故障时,K 常闭触点$(5-7)$处于闭合状态,KM 线圈回路工作正常;在缺相故障出现时,K 常闭触点$(5-7)$就处于断开状态、KM 线圈回路不能自锁,使其断电释放,从而起到断相保护作用。

启动时,按下启动按钮 SB$_2$$(3-7)$,交流接触器 KM 线圈得电吸合且常开触点$(3-5)$闭合自锁,KM 三相主触点闭合,电动机得电运转工作,同时指示灯 HL$_2$亮,说明电动机运行了。

当电源缺相时,A 点电位升高,三极管 VT 导通,小型灵敏继电器 K 动作,K 串联在 KM 线圈回路中的常闭触点$(5-7)$断开,KM 线圈断电释放,KM 主触点断开,电动机停止运行,同时指示灯 HL$_2$灭,电源兼停止指示灯 HL$_1$亮。

当电动机过载时,热继电器 FR 常闭触点$(2-4)$断开,切断 KM 线圈回路电源,KM 主触点断开,电动机停止运行;同时热继电器 FR 另一组常开触点$(2-6)$闭合,接通了过载指示电路,指示灯 HL$_3$亮,说明电动机过载了。

注意:弱电部分可制作在印制电路板上。

2. 常见故障及排除方法

① 当电动机出现缺相时,不能停止控制。此故障为弱电电路部分不动作,通常多为三极管 VT 损坏所致。可用一只新品 3AX81B 更换即可。

另外,还有一些原因可能造成上述故障,归纳如下:熔断器 FU 熔断;变压器 T$_2$ 损坏;整流二极管 VD$_1$～VD$_5$ 击穿短路;电容器C_6～C_8损坏;电阻 R_3 调节不当;小型灵敏继电器 K 线圈损坏;小型灵敏继电器 K 常闭触点$(5-7)$断不开;电容器 C_2、C_5、C_4、C_3 短路;交流接触器 KM 机械部分卡住;交流接触器 KM 铁心极面有油脂造成释放缓慢;交流接触器 KM 三相主触点熔焊;启动按钮 SB$_2$$(3-7)$短路损坏。

② 指示灯全部不亮。根据经验,3 只指示灯全部损坏的可能性很小,通常为公用连线脱落或断线所致,可用万用表检查指示灯回路 1$^\#$线、2$^\#$线是否有脱落或断线问题,若脱落将脱落导线正确连接好即可。若连接好后仍不亮,可对 3 只指示灯 HL$_1$、HL$_2$、HL$_3$ 进行检查,若全部损坏则换新品。

③ 按下启动按钮 SB$_2$$(3-7)$,电动机"嗡嗡"响不转,松开启动按钮

SB_2 后 KM 线圈断电释放。此故障为典型的缺相故障,并且缺相保护装置已动作了,也就是说小型灵敏继电器 K 线圈已动作,其常闭触点(5-7)断开,从而出现能点动操作而不能自锁的现象。检查主回路缺相问题并排除后,电路即可正常工作。

7.3 用三只欠电流继电器进行电动机断相保护电路维修技巧

1. 工作原理

图 7.3 所示电路采用三只欠电流继电器来进行三相异步电动机的断相保护。合上主回路断路器 QF_1、控制回路断路器 QF_2,指示灯 HL_1 亮,说明电路电源正常。

启动时,按下启动按钮 SB_2(3-5),交流接触器 KM 线圈得电吸合,KM 三相主触点闭合,电动机得电启动运转;当电动机电流大于欠电流继电器 KI_1、KI_2、KI_3 整定电流时(其电流为电动机正常运行电流),欠电流继电器 KI_1、KI_2、KI_3 线圈吸合动作,其 3 只欠电流继电器的常开触点 KI_1(3-7)、KI_2(7-9)、KI_3(9-11)均闭合,与 KM 辅助常开触点(5-11)共同形成自锁回路,使交流接触器 KM 线圈继续得电吸合工作,电动机继续得电运转,同时,指示灯 HL_1 灭、HL_2 亮,说明电动机已启动运行。

断相时,接在断相上的欠电流继电器线圈将会断电释放,其串联在交流接触器 KM 线圈回路中的常开触点断开,使交流接触器 KM 线圈断电释放,KM 三相主触点断开,电动机失电停止运转,从而起到断相保护作用,同时,指示灯 HL_2 灭、HL_1 亮,说明电动机已失电停止运行。

短路时,主回路断路器 QF_1 将动作脱扣,从而切断电动机电源。

过载时,热继电器 FR 动作,其常闭触点(2-4)断开,切断 KM 线圈回路电源,KM 线圈断电释放,KM 三相主触点断开,使电动机脱离三相电源而停止,同时,FR 常开触点(2-6)闭合,指示灯 HL_3 亮,说明电动机已过载了。

2. 常见故障及排除方法

① 按下启动按钮 SB_2(3-5),交流接触器 KM 线圈便得电吸合,但自锁不了。此故障为 KM 辅助常开触点(5-11)、欠电流继电器 KI_1、KI_2、KI_3 常开触点(3-7、7-9、9-11)有损坏不能闭合所致,用万用表或测电笔检查并排除。

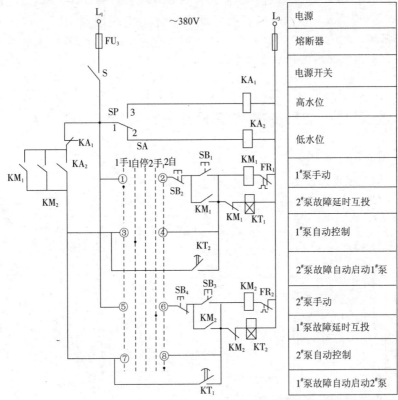

图 7.3 用三只欠电流继电器进行电动机断相保护电路

② 指示灯 HL₃ 亮,操作启动按钮 SB₂ 无效。因指示灯 HL₃ 亮,表示电动机已经过载了,热继电器 FR 已做保护动作,其串联在 KM 线圈回路中的常闭触点(2-4)已断开,所以操作SB₂无效。可通过手动方式按下热继电器 FR 上的复位按钮使热继电器复位,若复位按钮按下后,指示灯 HL₃ 熄灭,说明热继电器已复位。此时,先不要急于启动电动机,重新检查热继电器 FR 整定电流设置是否过小,通常整定值按电动机额定电流设置,检查机械设备是否过载并排除后再启动电动机。

③ 操作 SB₂ 时,KM₂ 动作正常,电源指示灯 HL₁ 灭,但运转指示灯 HL₂ 不能点亮。此故障为 KM 辅助常开触点(1-15)或指示灯 HL₂ 损坏所致,可分别检查试之即可排除。

④ 电动机启动运转后,按下停止按钮 SB₁(1-3)无效,电动机仍继续运转。此故障为 KM 主触点熔焊、KM 机械部分卡住、KM 铁心极面有油脂造成释放缓慢所致。可通过断开控制回路断路器 QF₂ 试之。出现上

述故障时,断开 QF₂,若过一小会儿时间 KM 能自行释放,电动机失电停止运转,说明故障是因 KM 铁心极面有油脂所致;若断开 QF₂ 一段时间后,KM 不能释放,说明故障发生在前两者中,可分别检查 KM 主触点或拆开 KM 检查存在卡住处并排除。

7.4 防止电动机浸水、过热停止保护电路维修技巧

1. 工作原理

防止电动机浸水、过热停止保护电路如图 7.4 所示。

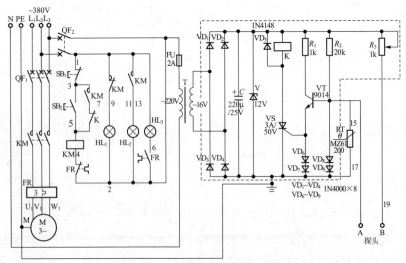

图 7.4 防止电动机浸水、过热停止保护电路

启动时,按下启动按钮(3-5),交流接触器 KM 线圈得电吸合且辅助常开触点(3-7)自锁,KM 三相主触点闭合,主电路电源被接通,电动机通以三相交流电源而启动运转。同时,指示灯 HL₂ 亮,说明电动机已运行工作。

无过热、浸水故障时,电动机绕组内的正温度系数的热敏电阻 RT 没有因高温变化,其阻值非常小,从而说明电动机没有过热,所以三极管 VT 仍处在截止状态,无法触发可控硅 VS,VS 因无触发信号而关断,小型灵敏继电器 K 线圈不能吸合动作,K 串联在接触器 KM 线圈回路中的常闭触点(5-7)仍处于闭合状态,对电动机控制回路不作控制;另外,探头 A、B 因没有浸水而没有被短接,那么三极管 VT 不导通,可控硅 VS 仍阻

断,小型灵敏继电器 K 线圈因得不到电源而不吸合,其常闭触点仍处于常闭状态,对电动机控制回路不起控制作用。

当电动机绕组出现过热时(超出允许温升),埋在电动机绕组内的正温度系数热敏电阻 RT 的阻值会突然增大至几百乃至上千倍,立即改变了电阻 RT 与 R_2 的分压比,从而将三极管 VT 的基极电压抬高了很多,三极管 VT 迅速饱和导通,触发可控硅 VS 导通,使小型灵敏继电器 K 线圈得电吸合,K 常闭触点(5-7)断开,切断了交流接触器 KM 线圈电源,KM 断电释放,KM 三相主触点断开,电动机断电停止运转,使电动机绕组不因过热而被烧毁。

当探头 A、B 两端被水短接后,三极管 VT 因电位器 RP 提供的基极电流而饱和导通,并将可控硅触发导通后,小型灵敏继电器 K 线圈得电吸合动作,K 串联在交流接触器线圈回路中的常闭触点(5-7)断开,切断了交流接触器 KM 线圈电源,KM 断电释放,其三相主触点断开,电动机断电退出运行,从而起到电动机浸水时的保护作用。

当运行中电动机出现过载时,热继电器 FR 热元件发热弯曲,推动其控制触点动作,FR 常闭触点(2-4)常开切断交流接触器 KM 线圈电源,使KM 断电释放,KM 三相主触点断开,电动机断电停止工作。同时,FR 常开触点(2-6)闭合,接通过载指示电路,指示灯 HL_3 亮,说明电动机已过载。

注意:电路中弱电部分可装在印制电路板上。

2. 常见故障及排除方法

① 按下启动按钮 SB_2(3-5),交流接触器 KM 线圈得电吸合,但不能自锁。通过检查发现电动机没有出现绕组过热现象,也没有水浸到电动机内,这时可将配电盘外接端子 19 从端子上拆下来,并将端子 15、17 用导线短接起来。用通、断控制回路断路器 QF_2 来观察配电盘内小型灵敏继电器 K 的动作情况,发现一合上断路器 QF_2 时 K 线圈就吸合,一断开QF_2 时 K 就释放。根据以上情况分析,故障原因为三极管 VT 击穿短路损坏;可控硅 VS 击穿损坏。

因三极管 VT、可控硅 VS 击穿短路,使小型灵敏继电器 K 线圈回路为一不受控直通回路,也就是说,控制回路一通电,K 线圈就会得电吸合,K 串联在电动机控制自锁回路中的常闭触点(5-7)断开,从而造成按下启动按钮 SB_2(3-5)时,交流接触器 KM 线圈得电吸合,但不能自锁,电动机点动工作。

② 按下启动按钮 SB_2(3-5),交流接触器 KM 线圈得电吸合且自锁,

同时运转指示灯 HL_2 亮,但电动机不运转。根据此故障现象,控制回路一切正常,故障出在主回路中,若电动机不发热,也没有"嗡嗡"声,则故障为主回路断路器 QF_1 损坏、跳闸或未合上;交流接触器 KM 三相主触点至少有两相断路不能闭合;热继电器 FR 热元件至少有两相以上断路;电动机绕组损坏断路。故障排除方法很简单,可根据以上故障原因逐一进行检查并排除。

7.5 采用中间继电器作为简易断相保护器电路维修技巧

1. 工作原理

一般电动机控制电路使接触器线圈吸合的电源是从两个相线上引出的,往往会造成电动机两相运转。倘若在常用的电动机启、停路中加一中间继电器 K,其线圈电压为 380V,K 只有在 L_3 相电源有电的情况下,其常开触点才能闭合,从而保证 L_1、L_2、L_3 三相都有电,接触器 KM 线圈才能得电工作,起到电动机断相保护的作用,如图 7.5 所示。

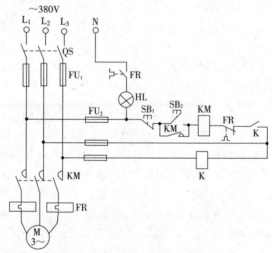

图 7.5 采用中间继电器作为简易断相保护器电路

特别提醒: 本电路很有可能在熔断器 FU_1 或 FU_2 L_2 相熔断时出现 KM 与 K 线圈串联形成寄生回路而继续工作不释放,请使用者引起注意。

2. 常见故障及排除方法

本电路的常见故障及排除方法见表7.1。

表 7.1　常见故障及排除方法

故障现象	原　因	排除方法
• 按下启动按钮 SB_2 无反应	1. 按钮 SB_2 损坏不通 2. FU_2 熔断器熔断 3. 中间继电器 K 线圈断路 4. L_2 相、L_3 相掉电	1. 更换 2. 恢复 3. 更换 4. 恢复
• 按下启动按钮 SB_2 中间继电器也随着吸合，松开 SB_2，K 线圈也断电释放，但 KM 无反应	1. FU_2 L_1 相断路 2. KM 线圈断路 3. 热继电器常闭触点断开(过载) 4. 停止按钮 SB_1 断路 5. 启动按钮 SB_2 串联在 KM 线圈回路中的触点损坏	1. 恢复 2. 更换 3. 更换 4. 更换 5. 更换
• 按下启动按钮 SB_2，中间继电器 K、交流接触器 KM 能同时吸合，但松开 SB_2 时，K、KM 同时释放	1. KM 自锁回路有问题 2. K 自锁回路有问题	1. 恢复 2. 恢复
• HL 灯亮	• 电动机过载	• 可用手动方式使其复位
• 按下停止按钮 SB_1 无反应，不能停机	1. 停止按钮 SB_1 短路断不开 2. 停止按钮 SB_1 头线脱落后相碰 3. 接触器主触点熔焊 4. 接触器动、静铁心极面有油污 5. 接触器机械卡住	1. 更换停止按钮 SB_1 2. 接好导线 3. 更换接触器主触点 4. 清除铁心极面油污 5. 更换接触器
• L_3 相 FU_1 或 FU_2 熔断后，KM 线圈仍然吸合不释放	• KM 线圈与 K 线圈串联形成寄生回路	• 消除寄生现象

7.6 使用电流互感器的热继电器保护电路维修技巧

1. 工作原理

使用电流互感器的热继电器保护电路如图 7.6 所示。合上刀开关 QS，电源指示灯 HL_1 亮，说明电源正常。

启动时，按下启动按钮 SB_2，交流接触器 KM 线圈得电吸合且自锁，

KM 三相主触点闭合,电动机得电启动运转,同时指示灯 HL$_1$ 灭、HL$_2$ 亮,说明电动机运转了。在电动机启动运转时,电流互感器 TA 原边通过的电流是电动机的实际电流变化,而副边所感应的电流较小,与其配套的热继电器 FR 热元件形成回路,但不足以使 FR 动作。

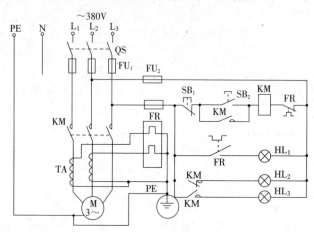

图 7.6　使用电流互感器的热继电器保护电路

当出现过载时,电动机的电流会有所上升,那么电流互感器 TA 副边的电流也会增大,使热继电器 FR 热元件发热弯曲,推动其控制常闭触点断开,从而切断了交流接触器 KM 线圈回路电源,KM 线圈断电释放、KM 三相主触点断开,电动机失电停止运转,起到保护作用。同时,指示灯 HL$_2$ 灭、HL$_1$ 亮,说明电动机停止运转了。

特别提醒: 在使用电流互感器时,其二次侧绝对不允许开路,否则会出现很高电压,将危及设备安全和人身安全。

2. 常见故障及排除方法

本电路的常见故障及排除方法见表 7.2。

表 7.2　常见故障及排除方法

故障现象	原　因	排除方法
• 过载指示灯 HL$_1$ 亮	• 出现过载	• 检查电动机是否过载、热继电器 FR 是否误动作
• 电动机启动时经常出现过载跳闸问题,用钳形电流表测量运转电流正常	1. 电流互感器 TA 与热继电器 FR 不配套 2. 热继电器电流整定得过小或损坏	1. 检查,重新配套选用 2. 重调、更换

故障现象	原　因	排除方法
• 过载时,热继电器 FR 不跳闸	1.电流互感器 TA 电流比不符 2.热继电器损坏不动作	1.更换变比相符的电流互感器 2.更换热继电器
• 按下 SB₂ 无反应,用螺丝刀顶住接触器可动部分,KM 吸合正常	• 此故障为启动按钮 SB₂ 损坏闭合不了所致	• 更换启动按钮

7.7 具有三重互锁保护的正反转控制电路维修技巧

1. 工作原理

具有三重互锁保护的正反转控制电路如图 7.7 所示。合上断路器 QF,指示灯 HL_2 亮,说明电源正常。

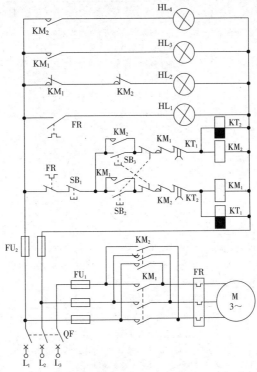

图 7.7 具有三重互锁保护的正反转控制电路

正转启动时,按下正转启动按钮 SB_2,此时 SB_2 常闭触点断开反转交流接触器 KM_2 线圈回路,起到互锁保护,同时 SB_2 常开触点闭合,交流接触器 KM_1、失电延时时间继电器 KT_1 线圈同时得电吸合,KM_1 主触点闭合,电动机 M 正转启动运行,同时指示灯 HL_2 灭、HL_3 亮,说明电动机正转运转了。KM_1 常闭触点、KT_1 延时闭合的常闭触点均断开,使 KM_2 线圈回路同时三处断开,从而起到可靠的互锁保护。当需要反转时,按下反转启动按钮 SB_3,此时,正转交流接触器 KM_1 线圈回路断电释放,电动机 M 正转停止工作,此时指示灯 HL_3 灭、HL_2 亮,说明电动机停止运转了。但 KT_1 失电延时几秒钟后它的常闭触点才能恢复闭合,即使按下反转启动按钮也不能反转启动,必须按下反转启动按钮 2s 后(设定时间可任意调整),反转才能启动,从而真正起到互锁保护。

2. 常见故障及排除方法

本电路的常见故障及排除方法见表 7.3。

表 7.3　常见故障及排除方法

故障现象	原　因	排除方法
• 按下按钮 SB_2 控制回路无反应	1. 正转启动按钮 SB_2 损坏 2. 停止按钮 SB_1 损坏 3. FR 常闭触点动作 4. FU_2 熔断 5. KM_1、KT_1 线圈同时断路 6. KT_2 常闭触点断路 7. KM_2 常闭互锁触点断路	1. 更换 2. 更换 3. 手动复位 4. 恢复 5. 更换 6. 更换 7. 更换
• FU_2 熔断	• 控制回路存在短路或接地	• 检查故障处加以处理
• 按下按钮 SB_3,无自锁成为点动	1. KM_2 自锁触点损坏 2. KM_2 自锁回路接线脱落	1. 更换 2. 检查重新接好连线
• HL_1 灯亮	• FR 过载	• 用手动方式使 FR 复位
• FU_1 熔断	• 主回路存在短路	• 检查主回路短路处并加以处理
• 正转或反转均"嗡嗡"响,出现缺相	• 主回路公共部分有一相断路,如 FU_1、FR 或电动机绕组有一相断线	• 检查断路处,恢复
• QF 送不上电	• 首先卸下熔断器 FU_1、FU_2 后送 QF,能送上。装上 FU_2 送 QF,QF 又动作跳闸,检查 FU_2 熔丝很粗,熔断器下端短路	• 首先排除短路处,并将 FU_2 熔丝选用适当,不能过大,否则起不到保护作用

续表 7.3

故障现象	原 因	排除方法
• 按下 SB$_2$ 后，再按下 SB$_3$，无延时，可立刻操作；反过来，先按下 SB$_3$，再按下 SB$_2$ 有延时	1. 失电延时时间继电器 KT$_1$ 线圈断路 2. KT$_1$ 延时时间调整过小	1. 更换 KT$_1$ 线圈 2. 重新调整 KT$_1$ 延时时间
• 正转工作时，欲反转操作得需要很长时间后才能进行	• KT$_1$ 失电延时时间继电器延时闭合的常闭触点延时时间过长	• 重新调整其 KT$_1$ 延时时间，可根据实际要求调整设定

7.8 开机信号预警电路维修技巧

1. 工作原理

开机信号预警电路如图 7.8 所示。

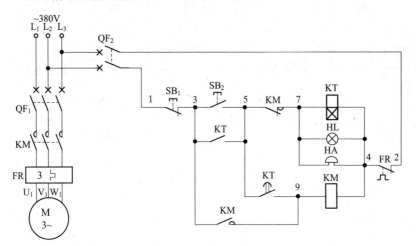

图 7.8 开机信号预警电路

启动时，按下启动按钮 SB$_2$(3-5)，得电延时时间继电器 KT 线圈得电吸合且 KT 不延时瞬动常开触点(3-5)闭合自锁，KT 开始延时。此时，预警电铃 HA 鸣响，预警灯 HL 点亮，进行开机信号预警。经 KT 一段延时后，KT 得电延时闭合的常开触点(5-9)闭合，接通交流接触器 KM 线圈回路电源，KM 线圈得电吸合且 KM 辅助常开触点(3-9)闭合自锁，KM 三相主触点闭合，电动机得电启动运转。与此同时，KM 串联在得电延时时间继电器 KT 线圈回路中的辅助常闭触点(5-7)断开，切断 KT 线圈回路电源,KT 线圈断电释放并解除自锁,预警电铃 HA 停止鸣响。预警灯 HL 熄灭,开机预警结束。

2.常见故障及排除方法

①启动时,按启动按钮 SB$_2$(3-5),铃一直响、灯亮不灭,但电动机不启动运转。从电气原理图中可以看出,按下 SB$_2$(3-5)后,铃响、灯亮不灭,说明得电延时时间继电器 KT 线圈已得电吸合且能自锁,但不能延时接通交流接触器线圈回路电源。其故障原因为 KT 得电延时闭合的常开触点(5-9)损坏闭合不了所致。更换一只新的得电延时时间继电器后故障即可排除。

②启动时,按启动按钮 SB$_2$(3-5),预警铃响、灯亮,先发出预警开机信号。经 KT 一段延时后,交流接触器线圈得电吸合,预警铃、灯停止工作,但电动机运转一下便停止。此故障原因为交流接触器 KM 辅助常开触点(3-9)不能闭合自锁所至。用万用表检查 KM 辅助常开触点(3-9)是否良好,若闭合不了,则需更换新品,故障排除。

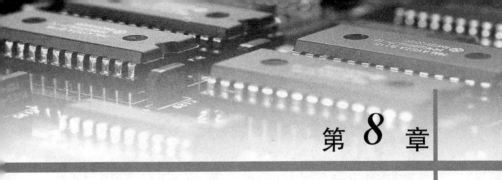

第 8 章

其他电路维修

8.1 GYD 系列空压机气压自动开关应用电路维修技巧

1. 工作原理

当空压机工作时,压缩空气从储气罐进入气压自动开关。气压自动开关的闭合与断开是按预先调整后的压力动作的,在空压机正常运转时,开关是闭合的,当储气罐压力达到预定压力时,由压缩空气顶动橡皮,通过跳桥使弹簧跳动,带动跳板,从而使胶木座内动触点与静触点脱开,切断电路,电动机停转;反之,当储气罐气压降至一定压力时,又重新起跳,使电路接通,电动机继续运转。开关上设有放气阀,当跳板跳动时,压下顶杆,使放气阀打开,达到排气的目的,使第二次跳动时减轻电动机负荷。

GYD 系列气压自动开关(图 8.1)适用于装载电动机功率 5.5kW 及以下的微型空气压缩机,作控制电动机的启动、运转和停止之用,该开关与磁力启动器或其他合适的继电器连接后,也可适用于排气量 $1m^3/min$ 及以下的微型空气压缩机。气压自动开关装上空压机配套使用后,可以节省人力,节约电能,延长空压机及电动机的寿命。

GYD20-16/C 型气压开关应用电路如图 8.2 所示。合上断路器 QF_2,按下启动按钮 SB_2,交流接触器 KM_2 线圈得电吸合且自锁,KM_2 串联在交流接触器 KM_1 线圈回路中的常开触点 KM_2 闭合,为 KM_1 线圈工作提供电源准备。当气压开关 S 合上时,通过 S 的通、断动作直接来控制交流接触器 KM_1 线圈的吸合与断开,从而使电动机 M 完成启动或停止。

(a) GYD气压自动开关外形　　　　(b) GYD气压自动开关应用

图 8.1　GYD 系列气压自动开关

若所控电动机功率较小时,可去掉所有控制装置将气压开关 S 直接与电动机绕组串联即可,但没有过载保护装置,请使用者选用时参考。为保证安全,最好采用保护装置。

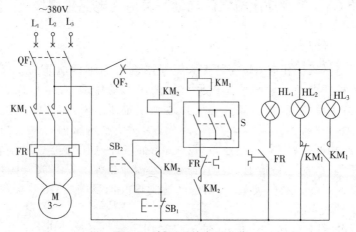

图 8.2　气压开关应用电路

特别提醒:假如有一台空气压缩机没有电动机时,为确定电动机功率,可按压缩机排气量来估算,通常为 $7kW/(m^3/min)$。

2.常见故障及排除方法

图 8.2 所示电路的常见故障及排除方法见表 8.1。

表 8.1　常见故障及排除方法

故障现象	原　因	排除方法
• QF$_1$ 断路器合不上	1. 断路器自身损坏 2. KM$_1$ 上端有短路问题	1. 更换 2. 排除短路点
• QF$_2$ 断路器跳闸	1. 控制回路有短路现象 2. KM$_2$ 线圈短路 3. KM$_1$ 线圈短路	1. 排除短路点 2. 更换 3. 更换
• KM$_2$ 吸合正常,KM$_1$ 不工作	1. 气压开关设置不当或触点损坏不闭合 2. 热继电器过载跳闸 3. KM$_2$ 常开触点不能闭合 4. KM$_1$ 线圈断路 5. KM$_1$ 回路连线脱落	1. 重调或更换 2. 手动复位 3. 更换 4. 更换 5. 重新接线
• 电动机"嗡嗡"响不转、烫手	• 缺相,检查三相电源是否正常,主要检查 KM$_1$ 三相主触点是否缺相	• 检查、恢复
• 气压超过设定值,电动机不停止	1. 气压开关设置不符 2. 气压开关损坏 3. 交流接触器触点熔焊 4. 交流接触器铁心极面脏延时释放	1. 重调 2. 更换 3. 更换 4. 检查擦净
• HL$_1$ 灯亮	• 电动机过载了	• 检查过载原因,排除故障

气压自动开关常见故障及排除方法见表 8.2。

表 8.2　气压自动开关常见故障及排除方法

常见故障	原　因	排除方法
• 触点一相或三相不通	• 触点损坏	• 更换触点或气压开关
• 触点一相或三相分不开	• 触点熔焊	• 更换触点或气压开关
• 上限时,气压开关不动作	• 气压开关调整上限过量或气压开关损坏	• 重新调整上限值,若反复调整后仍不能恢复正常则要更换气压开关
• 下限时,气压开关不动作	• 气压开关调整不当或气压开关损坏	• 重新调整下限值,若反复调整后仍不能恢复正常则需更换气压开关
• 气压开关工作时好时坏不正常	• 气压调整螺丝丝扣滑丝或气压开关损坏	• 更换气压开关

8.2 KG 316T 微电脑时控开关接线及维修技巧

1.接线方法

目前,市场上出现的时控开关种类很多,其中,KG316T(图 8.3)微电脑时控开关应用非常广泛。它的接线非常简单,左边两端子接电源,右边两端子接负载,若负载功率超过 6kW 时,可外接 1 只交流接触器进行控制。它设置简单、方便,分 10 次接通和分断,时间可任意调整。也可按星期等方式进行设置,是一种理想的时控装置。

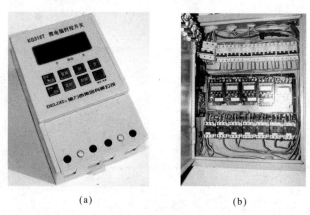

(a) (b)

图 8.3　微电脑时控开关

直接控制方式的接线:被控制的电器是单相供电,功耗不超过本开关的额定容量(阻性负载 25A),可直接通过本控制开关进行控制,接线方法如图 8.4 所示。

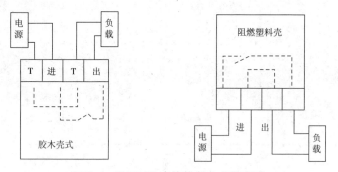

图 8.4　KG316T 直接控制方式接线图

单相扩容方式的接线：被控制的电器是单相供电,但如果功耗超过本开关的额定容量(阻性负载 25A),那么就需要一个容量超过该电器功耗的交流接触器来扩容,接线方法如图 8.5 所示。从图中可以看出,时控开关内部接线也不相同,为保证正确控制,最好在使用前用万用表测量一下,以做到心中有数。

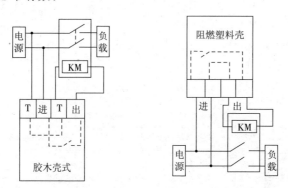

图 8.5　KG316T 单相扩容方式接线图

三相工作方式的接线：被控制的电器三相供电,需要外接三相交流接触器。控制接触器的线圈电压为 AC 220V、50Hz 的接线方法如图 8.6 所示。

控制接触器的线圈电压为 AC 380V、50Hz 的接线方法如图 8.7 所示。

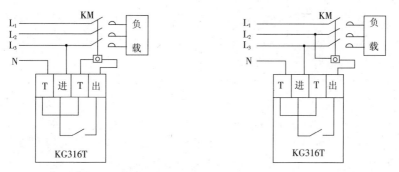

图 8.6　KG316T 三相工作方式接线(一)　图 8.7　KG316T 三相工作方式接线(二)

2. 常见故障及排除方法

KG316T 微电脑时控开关常见故障及排除方法见表 8.3。

表8.3　常见故障及排除方法

故障现象	原　因	排除方法
• LCD无显示或显示不清	• 检查电池是否无电	• 更换电池
• 通电后时控开关工作不正常	• 检查时控开关时段设定是否正确,以及星期是否设定在"自动"的位置	• 重新设定
• 时控开关到设定时间输出指示灯亮,但继电器不转换	• 检查电源电压是否过低	• 检查电源部分,加以解决
• 本器件自身出现故障	• 检查供电电源电压是否过高,电源线是否接错	• 检查更正
• 熔断器熔断	• 控制器内部元件损坏	• 检修控制器
• 设置在自动位置上,但电路不受控制一直工作不停止	• 设置不正确	• 在设定自动时,不能直接将"▼"三角形对应在自动位置上,必须按到"关"位置后再回到"自动"位置

8.3　最简单的双路三相电源自投装置维修技巧

1. 工作原理

图8.8所示是简单的双路三相电源自投装置。使用前可同时合上闸刀开关 QF_1 和 QF_2,KM_1 线圈得电吸合,由于 KM_1 的吸合,KM_1 串联在 KT 时间线圈回路中的常闭触点又断开了 KT 时间继电器的电源,这时 $1^\#$ 电源向负载供电。当 $1^\#$ 电源因故停电时,KM_1 接触器释放,这时 KM_1 常闭触点恢复常闭,接通时间继电器 KT 线圈的电源,时间继电器经延时数秒钟后,使 KT 延时闭合的常开触点闭合,KM_2 线圈得电吸合并自锁。由于 KM_2 的吸合,其常闭触点一方面断开得电延时时间继电器线圈电源,另一方面又断开 KM_1 线圈的电源回路,使 $1^\#$ 电源停止供电,保证 $2^\#$ 电源正常供电。如果 $2^\#$ 电源工作一段时间停电后,KM_2 常闭触点会自动接通线圈 KM_1 的电源转换为 $1^\#$ 电源供电。

图8.8中接触器应根据负载大小确定;时间继电器选用 $0\sim60s$ 的交流得电延时时间继电器,如 JS7-1A 或 JS7-2A 型产品,其线圈电压为 380V。

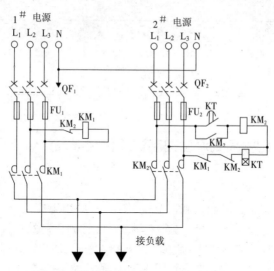

图 8.8 最简单的双路三相电源自投装置

2.常见故障及排除方法

本电路的常见故障及排除方法见表 8.4。

表 8.4 常见故障及排除方法

故障现象	原　因	排除方法
• 先合上 QF$_1$ 断路器（有电状态）交流接触器 KM$_1$ 线圈不吸合	1. QF$_1$ 故障 2. FU$_1$ 故障 3. KM$_2$ 常闭触点不能闭合 4. KM$_1$ 线圈断路	1. 检查 QF$_1$ 故障并排除 2. 修复 FU$_1$ 3. 更换 KM$_2$ 常闭触点 4. 更换 KM$_1$ 线圈
• 先合上 QF$_1$（有电）交流接触器 KM$_1$ 吸合，但 KM$_1$ 三相主触点下端无电	• KM$_1$ 三相主触点接触不良或损坏	• 更换 KM$_1$ 三相主触点
• 1$^\#$电源无电，但合上 2$^\#$电源总开关 QF$_2$ 后，时间继电器 KT 线圈不吸合无反应	1. QF$_2$ L$_2$、L$_3$ 相有故障 2. FU$_2$ L$_2$、L$_3$ 相有故障 3. KM$_1$ 常闭触点接触不良 4. KM$_2$ 常闭触点接触不良 5. KT 线圈断路 6. FU$_2$ L$_2$ 相熔断器熔断	1. 修复 QF$_2$ 2. 修复 FU$_2$ 3. 更换 KM$_1$ 常闭触点 4. 更换 KM$_2$ 常闭触点 5. 更换 KT 线圈 6. 检查并更换 L$_2$ 相熔断器
• 1$^\#$电源无电，但合上 2$^\#$电源总开关 QF$_2$ 后，时间继电器 KT 线圈吸合，但 KM$_2$ 交流接触器线圈不吸合	1. 时间继电器 KT 延时闭合的常开触点损坏 2. KM$_2$ 线圈断路 3. FU$_2$ L$_1$ 相熔断器熔断	1. 更换 KT 触点 2. 更换 KM$_2$ 线圈 3. 修复 FU$_2$

故障现象	原　因	排除方法
• KM$_2$ 吸合、KT 断；KT 吸合 KM$_2$ 断循环不止	• KM$_2$ 自锁触点接触不良或损坏，而没有自锁回路所致	• 更换或修复 KM$_2$ 自锁触点

8.4　XMT 型数显式温度控制调节仪接线及维修技巧

1. 接线方法

XMT 型数显式温度控制调节仪(图 8.9)应用很广泛,电工在使用该产品时只按照厂家给出的常规连接方式不能达到所需的控制要求。对于设有上、下限温度控制功能的数字显示式温度控制调节仪,型号如 XMT-121、122、2201、2202 等,按照产品使用说明书提供的接线方法无法实现上、下限温度控制(图 8.10,主回路未画出),换句话说,厂家在说明书中没有提供该功能的正确电气接线方法。

(a) 外观图　　　　　　　　　　　(b) 温控仪用热电偶

图 8.9　XMT 型数显式温度控制调节仪

现将正确接线方法提供给广大读者参考。将仪器按图 8.11(主回路未画出)所示正确接线后,把开关拨到"下限设定"位置,再旋转相对应的下限设定电位器,此时数字显示的数值是所需的下限温度值;再把开关拨到"上限设定"位置,旋转相对应的上限设置电位器,此时显示的数值是所需的上限温度值;再把开关拨到"测量"位置,数字显示的数值是实际温度值。当实际值低于下限设定值时,绿灯亮,上、下限继电器均为总低通、总高断。上限继电器吸合转态,5、6 常开触点闭合,交流接触器 KM 线圈得电吸合且自锁,其 KM 三相主触点闭合,加热器得电开始加热。当实际

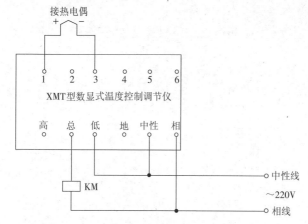

图 8.10　XMT 型数显式温度控制调节仪电气原理图

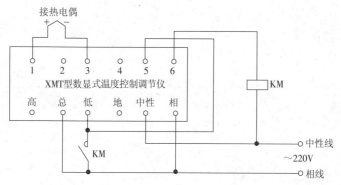

图 8.11　XMT 型数显式温度控制调节仪上下限温度控制接线方法

值达到或超过上限设定值时,上、下限继电器均为总低断、总高通,上、下限继电器均停止工作,上限继电器 5、6 常开触点恢复常开状态,交流接触器 KM 线圈失电释放,其三相主触点断开,加热器失电停止加热。当实际值达到或超过下限设定值而仍低于上限设定值时,绿灯红灯均熄灭,下限继电器总低断、总高通,上限继电器仍为总低通、总高断。在此状态下,交流接触器 KM 线圈不能得电吸合,加热器不工作。当实际值低于下限设定值时,绿灯亮,上、下限继电器均为总低通、总高断,上限继电器吸合状态。5、6 常开触点闭合,交流接触器 KM 线圈得电吸合且自锁,其 KM 三相主触点闭合,加热器得电开始加热,重复上述工作,从而实现上、下限温度自动控制。

2. 常见故障及排除方法

XMT 型数显式温度控制调节仪常见故障及排除方法见表 8.5。

表 8.5　常见故障及排除方法

故障现象	原　因	排除方法
• 加热升温时电路出现开、停、开、停现象	• 交流接触器 KM 自锁触点闭合不了所致	• 更换 KM 辅助触点
• 加温到上限时仍然加温不停止	1. 调节仪损坏断不开 2. 交流接触器 KM 主触点粘连 3. 交流接触器动、静铁心极面有油污造成延时释放 4. 交流接触器机械卡住 5. 热电偶损坏	1. 修理调节仪 2. 更换主触点 3. 用干布擦拭动、静铁心极面油污 4. 更换交流接触器 5. 更换热电偶
• 在下限时不加温	1. 交流接触器 KM 线圈断路 2. 调节仪端子 5、6 为断路 3. 热电偶损坏 4. 连线错误 5. 加热器损坏 6. 电源不正常 7. 交流接触器主触点损坏	1. 更换 KM 线圈 2. 检修调节仪 3. 更换热电偶 4. 正确连线 5. 更换加热器 6. 恢复供电 7. 更换 KM 主触点
• 交流接触器吸合,但温度升不起来	1. 交流接触器 KM 三相主触点有断路现象 2. 供电有问题 3. 加热器存在故障 4. 温控仪设置上限太低	1. 检查 KM 主触点 2. 恢复正常供电 3. 检查更换加热器 4. 重新调节设置温度上限值
• 交流接触电磁噪声大,吸合不牢靠	1. 电源电压过低 2. 交流接触器线圈电压为 380V 不符 3. 交流接触器铁心上的短路环断裂 4. 交流接触器动、静铁心极面生锈 5. 交流接触器动、静铁心距离太大,吸得不牢靠,此故障为静铁心所垫的腻子片太薄了所致 6. 交流接触器机械卡住	1. 检查供电情况并恢复 2. 更换 220V 线圈 3. 更换新交流接触器 4. 用干布擦净铁心上的油污 5. 加厚呢子垫片 6. 更换交流接触器

8.5 重载设备启动控制电路维修技巧(一)

1. 工作原理

重载设备启动控制电路(一)如图 8.12 所示,合上主回路断路器 QF$_1$,控制回路断路器 QF$_2$,电动机停止兼电源指示灯 HL$_1$ 亮,说明电源正常且电动机处于停止状态。

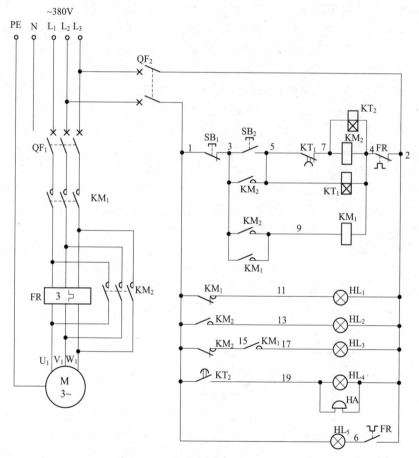

图 8.12 重载设备启动控制电路(一)

启动时,按下启动按钮 SB$_2$(3-5),交流接触器 KM$_2$ 和得电延时时间继电器 KT$_1$、KT$_2$ 线圈均得电吸合且 KM$_2$ 辅助常开触点(3-5)闭合自锁,KM$_2$ 另一组辅助常开触点(3-9)闭合,接通交流接触器 KM$_1$ 线圈回路电源,KM₁线圈得电吸合且 KM₁ 辅助常开触点(3-9)闭合自锁,KM₁、KM₂各自的三相主触点闭合,其中 KM₁ 三相主触点闭合,接通电动机三相交流电源,电动机得电运转工作,KM₂ 三相主触点闭合,将热继电器 FR 三相热元件分别短接起来(也就是说,启动时热继电器 FR 不起作用,只有启动结束后才重新接入电路起过载保护作用)。此时重载设备电动机进行启动。与此同时,得电延时时间继电器 KT₁、KT₂ 开始延时,其中 KT₁的延时时间为重载设备电动机的启动时间,KT₂ 的作用为监视 KT₁ 在其失效时动作报警,KT₂ 的延时时间设定得比 KT₁ 稍长几秒。

待 KT₁ 延时时间到时,KT₁ 得电延时断开的常闭触点(5-7)断开,切断交流接触器 KM₂ 和得电延时时间继电器 KT₁、KT₂ 线圈回路电源,KM₂、KT₁、KT₂ 线圈断电释放,退出运行,KM₂ 三相主触点断开,解除对热继电器热元件的短接,热继电器热元件串入电动机绕组进行过载保护(此时电动机的转速已达到额定转速,其工作电流小于电动机铭牌额定值)。这样整个控制电路最后只有交流接触器 KM₁ 线圈仍继续吸合工作。至此重载设备电动机启动工作结束。

在重载设备电动机启动前,指示灯 HL₁ 亮,说明电源正常,电动机处于停止状态;在重载设备电动机启动时,指示灯 HL₁ 灭、HL₂ 亮,说明电动机正在启动;在重载设备电动机转为正常运转后,指示灯 HL₂ 灭、HL₃亮,说明电动机已转为正常运转。

在启动过程中,倘若得电延时时间继电器 KT₁ 损坏不进行转换,那么作为监视启动时间的得电延时时间继电器 KT₂ 延时动作,KT₂ 得电延时闭合的常开触点(1-19)闭合,指示灯 HL₄ 亮,电铃 HA 响,发出声光报警,告知相关人员已超出启动时间,电动机因电气故障无法转为正常运转,需停机修理。

当重载设备电动机在运转过程中出现过载时,热继电器 FR 动作,指示灯 HL₅ 亮,说明电动机已过载了。

2. 常见故障及维修技巧

①启动时,按下启动按钮 SB₂(3-5),电动机进行重载启动,待电动机正常运转后,报警灯 HL₄ 亮、报警铃 HA 响。此故障现象说明,用于重载启动的交流接触器 KM₂ 仍然工作,继续短接热继电器 FR 三相热元件,而正常情况下在重载启动结束后,应解除对热继电器三相热元件的短接。从电气原理图中可以分析出,故障原因是得电延时时间继电器 KT₁ 串联在交流接触器 KM₂ 和得电延时时间继电器 KT₂ 线圈回路中的得电延时断开的常闭触点(5-7)损坏断不开。更换一只新品 KT₁ 得电延时时间

继电器后故障即可排除。

②按下启动按钮 SB₂ 时,电动机不能启动,指示灯 HL₅ 亮。指示灯 HL₅ 亮,说明电动机已出现过载动作了。先查找过载原因,再手动使热继电器动作机构复位,指示灯 HL₅ 灭,可重新正常开机。

8.6 重载设备启动控制电路维修技巧(二)

1. 工作原理

重载设备启动控制电路(二)如图 8.13 所示。

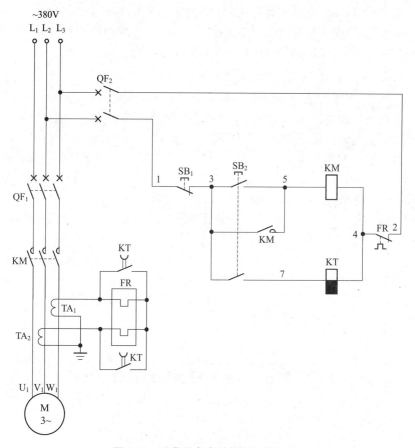

图 8.13 重载设备启动控制电路(二)

启动时,按下启动按钮 SB_2,SB_2 的一组常开触点(3-7)闭合后又断开,失电延时时间继电器 KT 线圈得电吸合后又断电释放且 KT 开始延时,KT 并联在热继电器 FR 热元件上的失电延时断开的两组常开触点立即闭合,分别将 FR 热元件短接起来,以防重载启动时启动电流过大,出现 FR 误动作情况。在按下启动按钮 SB_2 的同时,SB_2 的另一组常开触点(3-5)闭合,使交流接触器 KM 线圈得电吸合且 KM 辅助常开触点(3-5)闭合自锁,KM 三相主触点闭合,电动机得电重载启动。

经 KT 一段延时后,也就是电动机重载启动完毕转为正常运转后,电动机的电流降了下来,小于额定电流时,KT 失电延时断开的常开触点断开,解除对热继电器 FR 热元件的短接,使其投入电路工作。这样,当电动机出现过载时,热继电器 FR 热元件就会发热弯曲,推动其常闭触点(2-4)断开,切断交流接触器 KM 线圈回路电源,KM 线圈断电释放,KM 三相主触点断开,电动机失电停止运转,起到过载保护作用。

2. 常见故障及排除方法

① 启动时,不能转为正常运转而自动停机,也就是说热继电器动作了。从电气原理图中不难看出热继电器 FR 的两只热元件在重载启动时是被失电延时时间继电器 KT 的两只失电延时断开的常开触点所短接,使其在启动时不起作用,也就是说,KT 的两只常开触点未闭合所致。可先断开主回路断路器 QF_1,试验控制电路。在按下启动按钮 SB_2 时,观察 KT 是否动作,若 KT 线圈不能得电吸合,可用导线短接一下 $3^\#$ 线和 $7^\#$ 线,此时 KT 线圈能得电吸合,说明故障出在启动按钮 SB_2 的常开触点(3-7)上,更换新品故障即可排除。

② 启动时,一按下启动按钮 SB_2,控制回路断路器 QF_2 就动作跳闸。从电气原理图中可以看出,造成短路问题的是交流接触器 KM 或失电延时时间继电器 KT 线圈烧毁短路所致。检查上述两器件线圈,发现烧毁短路的应予以更换,故障排除。

8.7　2丫/2丫双速电动机手动控制电路维修技巧

1. 工作原理

2丫/2丫双速电动机手动控制电路如图 8.14 所示。

第一种速度启动：按下启动按钮 SB_2(5-7),交流接触器 KM_2、KM_3 线圈得电吸合且 KM_2、KM_3 辅助常开触点(5-13,7-13)闭合自锁,KM_2、

KM$_3$ 串联在 KM$_1$ 线圈回路中的辅助常开触点(3-25、25-27)闭合,KM$_1$ 线圈也得电吸合,这样,交流接触器 KM$_2$ 三相主触点分别将 U$_1$、U$_2$,V$_1$、V$_2$,W$_1$、W$_2$ 分别短接后接至电源交流接触器 KM$_1$ 三相主触点的下端,交流接触器 KM$_3$ 主触点将 U$_3$、V$_3$、W$_3$ 短接起来,组成第一种 2Y 接法,KM$_1$ 三相主触点闭合,电动机得电以第一种速度启动。同时指示灯 HL$_3$ 灭、HL$_1$ 亮,说明电动机以第一种速度启动运转了。

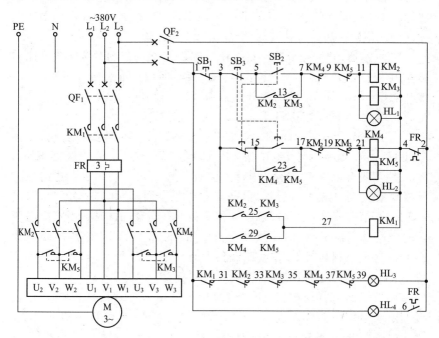

图 8.14　2Y/2Y双速电动机手动控制电路

第二种速度启动:按下启动按钮 SB$_3$,SB$_3$ 的一组常闭触点(3-5)断开,切断 KM$_2$、KM$_3$ 及 KM$_1$ 线圈回路电源,使其断电释放;KM$_2$、KM$_3$、KM$_1$ 三相主触点断开,电动机失电停止运转;与此同时,SB$_3$ 的另一组常开触点(15-17)闭合,交流接触器 KM$_4$、KM$_5$ 线圈得电吸合且 KM$_4$、KM$_5$ 辅助常开触点(15-23、17-23)闭合自锁,KM$_4$、KM$_5$ 串联在 KM$_1$ 线圈回路中的辅助常开触点(3-29、27-29)闭合,KM$_1$ 线圈也得电吸合,这样,交流接触器 KM$_4$ 三相主触点分别将 U$_1$、U$_3$,V$_1$、V$_3$,W$_1$、W$_3$ 短接起来后接至电源交流接触器 KM$_1$ 三相主触点的下端,交流接触器 KM$_5$ 将 U$_2$、V$_2$、W$_2$ 短接起来,组成第二种 2Y 接法,KM$_1$ 三相主触点闭合,电动机得电以第二种速度启动。同时指示灯 HL$_3$ 灭、HL$_2$ 亮,说明电动机以第二种速度启动运转了。

停止时，只需按下停止按钮 SB_1（1-3）即可。

2. 常见故障及排除方法

① 控制回路断路器 QF_2 合上后，指示灯 HL_3 亮，按低速 SB_2 或高速 SB_3 启动按钮无反应。根据电路分析指示灯 HL_3 亮，说明控制回路电源正常，问题出在公共部分，从图中可以看出，只有停止按钮 SB_1（1-3）或热继电器 FR 控制常闭触点（2-4）出现接触不良、断路、掉线时，才会出现上述问题。用短接法进行短接后试之，故障即可排除。

② 低速启动时，按低速启动按钮 SB_2，电动机为点动运转方式。此故障原因为交流接触器 KM_2、KM_3 自锁回路有问题，重点检查 KM_2 辅助常开触点（5-13）、KM_3 辅助常开触点（7-13）是否正常以及相关连线是否有脱落现象，并加以处置即可。

③ 按 SB_2 低速启动按钮，交流接触器 KM_2、KM_3 线圈吸合正常，指示灯 HL_1 亮，电动机不转；试按 SB_3 高速启动按钮，交流接触器 KM_4、KM_5 线圈吸合也正常，指示灯 HL_2 也亮，电动机也不转。从上述出现的故障现象，结合电路原理分析，其故障原因是主回路断路器 QF_1、热继电器 FR 热元件、交流接触器 KM_1 三相主触点有问题。这时可观察配电箱内的交流触电器 KM_1 的线圈吸合情况，若 KM_1 线圈不吸合，故障则为 KM_1 线圈断路损坏或 KM_1 线圈回路中的 $4^\#$ 线、$27^\#$ 线脱落，还要检查此相关电路的 $3^\#$ 线是否有脱落问题，并加以处置。

④ 按下低速启动按钮 SB_2，交流接触器 KM_2、KM_3 线圈吸合且自锁，指示灯 HL_1 亮，电动机不转。从原理图分析看，交流接触器 KM_1 线圈也应得电吸合，此时 KM_1 线圈不吸合，KM_1 三相主触点就不闭合，就不会给电动机供电，那么电动机就不会运转了。根据上述故障，可按下低速启动按钮 SB_2 后，用短接线将 $3^\#$ 线与 $27^\#$ 线短接一下，若交流接触器 KM_1 线圈能够得电吸合且电动机启动运转，则故障点就在 KM_2 辅助常开触点（3-25）与 KM_3 辅助常开触点（25-27）上。

⑤ 电动机低速运转正常，而高速运转一会儿后自动停机。此故障原因可能是热继电器 FR 电流整定过小，根据电动机高速电流值加以整定即可。

8.8 2丫/丫双速电动机手动控制电路维修技巧

1. 工作原理

2丫/丫双速电动机手动控制电路如图 8.15 所示。

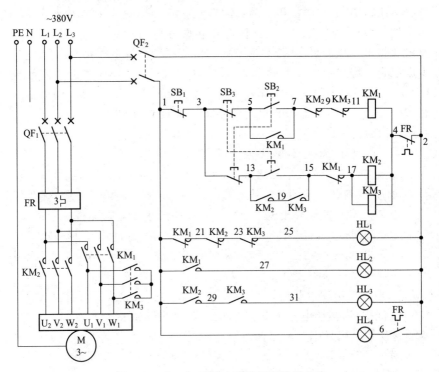

图 8.15 2丫/丫双速电动机手动控制电路

丫形启动：按下丫-形启动按钮 SB_2，SB_2 的一组常闭触点（3-13）断开，使交流接触器 KM_2、KM_3 线圈回路断开，起到互锁作用；SB_2 的另一组常开触点（5-7）闭合，将接通交流接触器 KM_1 线圈回路电源，KM_1 线圈得电吸合且 KM_1 辅助常开触点（5-7）闭合自锁，KM_1 的一组辅助常闭触点（15-17）断开，起到互锁作用，KM_1 三相主触点闭合，电动机出线端 U_1、V_1、W_1 分别接至三相电源的 L_1、L_2、L_3 相上，电动机定子绕组接成丫形启动运转。同时，KM_1 辅助常闭触点（1-21）断开，电源兼作停止指示灯 HL_1 灭，KM_1 辅助常开触点（1-27）闭合，丫形运转指示灯 HL_2 亮，说明电动机以丫形启动运转了。

2丫形启动：按下 2丫形启动按钮 SB_3，SB_3 的一组常闭触点（3-5）断开,切断交流接触器 KM$_1$ 线圈回路电源,交流接触器 KM$_1$ 线圈断电释放,KM$_1$ 三相主触点断开,电动机丫形运转停止,起到互锁作用;SB$_3$ 的另一组常开触点(13-15)闭合,将接通交流接触器 KM$_2$、KM$_3$ 线圈回路电源,KM$_2$、KM$_3$ 线圈均得电吸合且 KM$_2$、KM$_3$ 辅助常开触点(13-19、15-19)闭合自锁,KM$_2$、KM$_3$ 各自的一组辅助常闭触点(7-9、9-11)断开,起到互锁作用,KM$_2$、KM$_3$ 三相主触点闭合,其中 KM$_2$ 三相主触点将电动机出线端 U$_2$、V$_2$、W$_2$ 分别接至三相交流电源的 L$_1$、L$_2$、L$_3$ 相上,KM$_3$ 三相主触点将电动机的引出端 U$_1$、V$_1$、W$_1$ 全部连接起来,组成人为丫点,此时电动机定子绕组接成 2丫形启动运转。同时,KM$_2$、KM$_3$ 辅助常闭触点(21-23、23-25)断开,电源兼作停止指示灯 HL$_1$ 灭,KM$_2$、KM$_3$ 辅助常开触点(1-29、29-31)闭合,2丫形运转指示灯 HL$_3$ 亮,说明电动机已转为 2丫形启动运转了。

2. 常见故障及排除方法

① 无论 2丫形还是丫形启动后,按停止按钮 SB$_1$(1-3),不能进行停止控制,此时可断开控制回路断路器 QF$_2$,使其进行停止控制。此故障为停止按钮 SB$_1$(1-3)损坏或出现 1$^#$线与 3$^#$线碰线现象。顺便说一下,当出现上述故障时,也可轻轻按一下另一转速的启动按钮,如 2丫形启动运转后停不下来,可轻轻按一下丫形启动按钮 SB$_2$ 试之,若能停止下来,也说明上述判断是正确的。

② 电动机出现过载动作后,指示灯 HL$_4$ 不亮。此故障原因为指示灯 HL$_4$ 灯泡损坏,热继电器 FR 常闭触点(2-4)损坏或接触不良、1$^#$线、2$^#$线脱落所致。可仔细检查加以排除。

③ 丫形启动时,按启动按钮 SB$_2$,交流接触器 KM$_1$ 线圈不吸合,但按 2丫形启动按钮 SB$_3$ 时,交流接触器 KM$_2$、KM$_3$ 线圈吸合正常。此故障原因为 KM$_1$ 线圈回路断路,可采用短接法试之。先用短接线短接一下 SB$_2$ 启动按钮(5-7)两端,若 KM$_1$ 线圈不吸合,说明故障不在启动按钮 SB$_2$ 上;可将短接线的一端接在 3$^#$线上,另一端先碰触 11$^#$线,若 KM$_1$ 线圈能吸合,再用此导线碰触 9$^#$线,若 KM$_1$ 线圈不吸合,则说明 KM$_3$ 辅助常闭触点(9-11)有问题,用短接线将 9$^#$线与 11$^#$线短接起来后,按 SB$_2$ 试之,若正常,说明 KM$_3$ 辅助常闭触点(9-11)损坏,更换后,故障即可排除。

8.9 2△/丫 双速电动机手动控制电路维修技巧

1.工作原理

2△/丫双速电动机手动控制电路如图 8.16 所示。

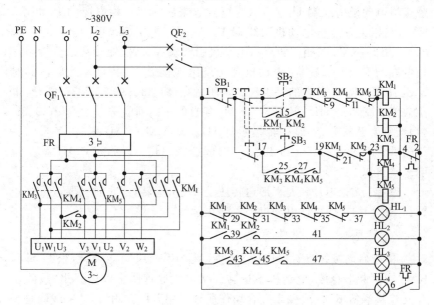

图 8.16 2△/丫双速电动机手动控制电路

丫 **形启动**：按下启动按钮 SB_2，SB_2 的一组常闭触点(3-17)断开，切断交流接触器 KM_3、KM_4、KM_5 线圈回路电源，起到互锁作用；与此同时，SB_2 的另一组常开触点(5-7)闭合，接通交流接触器 KM_1、KM_2 线圈回路电源，KM_1、KM_2 串联在 KM_3、KM_4、KM_5 线圈回路中各自的一组辅助常闭触点(19-21、21-23)断开，起到互锁作用；KM_1、KM_2 各自的一组辅助常开触点(5-15、7-15)闭合自锁，KM_1、KM_2 各自的三相主触点分别闭合。其中，KM_1 三相主触点将电动机引线端 U_1、V_1、W_1 接到三相交流电源的 L_1、L_2、L_3 相上，KM_2 三相主触点将电动机引线端 U_3、V_3 短接起来，这样，电动机定子绕组连接成丫形启动运转。同时，KM_1、KM_2 各自的一组辅助常闭触点(1-29、29-31)断开，电源兼作停止指示灯 HL_1 灭，KM_1、KM_2 各自的一组辅助常开触点(1-39、39-41)闭合，丫形运转指示灯 HL_2 亮，说明电动机已按丫形接法启动运转了。

2△形启动：按下启动按钮 SB_3，SB_3 的一组常闭触点(3-5)断开，切

断交流接触器 KM_1、KM_2 线圈回路电源，KM_1、KM_2 线圈断电释放，KM_1、KM_2 各自的三相主触点断开，电动机Y形运转停止；与此同时，SB_3 的另一组常开触点(17-19)闭合，交流接触器 KM_3、KM_4、KM_5 线圈得电吸合且 KM_3、KM_4、KM_5 各自的一组辅助常开触点(17-25、25-27、19-27)闭合自锁，KM_3、KM_4、KM_5 各自的三相主触点闭合。其中，KM_3 三相主触点将电动机引线端 U_1、W_1、U_3 短接起来后接至三相电源的 L_1 相上，KM_4 三相主触点将电动机引线端 V_3、V_1、U_2 短接起来后接至三相电源的 L_2 相上，KM_5 三相主触点将电动机引线端 V_2、W_2 短接起来后接至三相电源的 L_3 相上；这样，电动机定子绕组连接成 $2\triangle$ 形启动运转。同时 KM_3、KM_4、KM_5 各自的一组辅助常闭触点(31-33、33-35、35-37)断开，电源兼停止指示灯 HL_1 灭，KM_1、KM_2 各自的一组辅助常开触点(1-39、39-41)恢复常开状态，Y形运转指示灯 HL_2 灭，KM_3、KM_4、KM_5 各自的一组辅助常开触点(1-43、43-45、45-47)闭合，$2\triangle$ 形运转指示灯 HL_3 亮，说明电动机以 $2\triangle$ 形启动运转了。

停止：无论电动机是Y形运转还是 $2\triangle$ 形运转，停止时只要按下停止按钮 SB_1(1-3)，即可使电动机失电停止运转。

2. 常见故障及排除方法

① 按启动按钮 SB_2，只有交流接触器 KM_2 线圈能吸合，松开 SB_2，KM_2 线圈断电释放，电动机不运转。从电气原理图中可以看出，故障出在交流接触器 KM_1 线圈未吸合动作所致。用万用表测量 KM_1 线圈是否断路以及相关导线 13#线、4#线是否脱落。若线圈断路，则更换一只新线圈，故障排除。

② 无论低速还是高速启动运转后，指示灯 HL_2、HL_3 均同时点亮。从电气原理图中可以看出，只有 41#线与 47#线相碰连接才会出现上述现象。仔细检查 41#与 47#线是否相碰，若碰接则断开即可，故障排除。

8.10　Y-△-2Y 三速电动机手动控制电路维修技巧

1. 工作原理

Y-△-2Y 三速电动机手动控制电路如图 8.17 所示。

低速启动：按下低速启动按钮 SB_2(3-5)，交流接触器 KM_1 线圈得电吸合，KM_1 辅助常开触点(3-5)闭合自锁。此时，低速运转指示灯 HL_1 亮，KM_1 三相主触点闭合，电动机绕组 U_1、V_1、W_1 通以 380V 交流电源

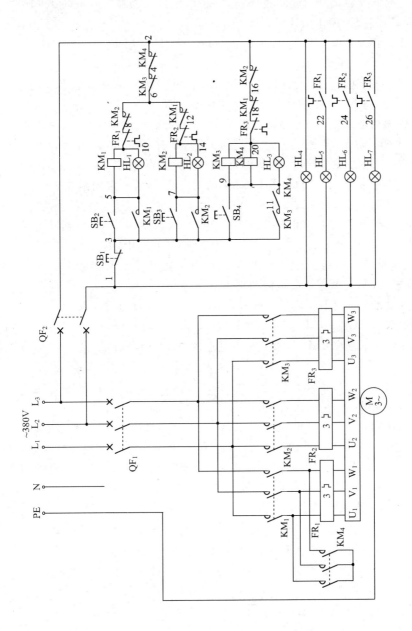

图 8.17 Υ-△-2Υ三速电动机手动控制电路

接成Y形低速启动。与此同时,KM_1 的另外两组辅助常闭触点(6-12、16-18)断开,起到互锁作用。

低速停止:按下停止按钮 SB_1(1-3),交流接触器 KM_1 线圈断电释放,低速运转指示灯 HL_1 灭,KM_1 三相主触点断开,电动机绕组 U_1、V_1、W_1 失电而停止运转。与此同时,KM_1 的另外两组辅助常闭触点(6-12、16-18)恢复常闭,为中速或高速启动提供条件。

中速启动:按下中速启动按钮 SB_3(3-7),交流接触器 KM_2 线圈得电吸合,KM_2 辅助常开触点(3-7)闭合自锁。此时,中速运转指示灯 HL_2 亮,KM_2 三相主触点闭合,电动机绕组 U_2、V_2、W_2 通以 380V 交流电源接成△形中速启动。与此同时,KM_2 的另外两组辅助常闭触点(6-8、2-16)断开,起到互锁作用。

中速停止:按下停止按钮 SB_1(1-3),交流接触器 KM_2 线圈断电释放,中速运转指示灯 HL_2 灭,KM_2 三相主触点断开,电动机绕组 U_2、V_2、W_2 失电而停止运转。与此同时,KM_2 的另外两组辅助常闭触点(6-8、2-16)恢复常闭,为低速或高速启动提供条件。

高速启动:按下高速启动按钮 SB_4(3-9),交流接触器 KM_3、KM_4 线圈得电吸合,KM_3、KM_4 辅助常开触点(3-11、9-11)闭合串联自锁,高速运转指示灯 HL_3 亮,KM_4 三相主触点闭合,将电动机绕组 U_1、V_1、W_1 接成人为 Y 点;KM_3 三相主触点闭合,电动机绕组 U_3、V_3、W_3 通以 380V 交流电源接成 2Y 形高速启动。与此同时,KM_3、KM_4 各自的辅助常闭触点(4-6、2-4)断开,起到互锁作用。

高速停止:按下停止按钮 SB_1(1-3),交流接触器 KM_3、KM_4 线圈断电释放,高速运转指示灯 HL_3 灭,KM_3、KM_4 各自的三相主触点断开,电动机绕组 U_3、V_3、W_3 失电而停止运转。与此同时,KM_3、KM_4 各自的辅助常闭触点(4-6、2-4)恢复常闭,为低速或中速启动提供条件。

2. 常见故障及排除方法

① 合上断路器 QF_1、QF_2,按低速启动按钮 SB_2(3-5)或中速启动按钮 SB_3(3-7)或高速启动按钮 SB_4 均无反应,控制回路电源指示灯 HL_4 亮,说明控制回路电源有电。根据经验,三只启动按钮同时损坏的几率很小,通常故障出现在公共部分,从电气原理图中可以看出,只有停止按钮 SB_1(1-3)常闭触点出现断路才会造成上述现象。用短接法将停止按钮 SB_1 两端 1# 线、3# 线短接起来后试之,均能正常启动工作。所以更换新品停止按钮 SB_1 后,故障排除。

② 高速启动正常,而低速、中速无法启动。从电气原理图中可以看

出,故障很有可能出在高速互锁低速、中速控制回路中的辅助常闭触点 KM$_3$(4-6)、KM$_4$(2-4)上,用万用表测出损坏常闭触点,并更换新品即可。

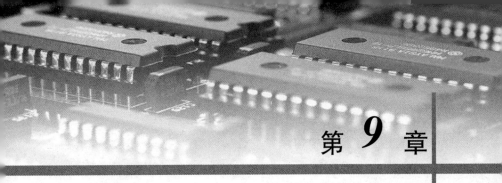

第 9 章

低压电器维修

9.1 刀开关的常见故障及排除方法

刀开关的常见故障及排除方法见表 9.1。

表 9.1 刀开关的常见故障及排除方法

类型	故障现象	原因	排除方法
刀开关	• 触刀过热，甚至烧毁	1.电路电流过大 2.触刀和静触座接触歪扭 3.触刀表面被电弧烧毛	1.改用较大容量的开关 2.调整触刀和静触座的位置 3.磨掉毛刺和凸起点
	• 开关手柄转动失灵	1.定位机械损坏 2.触刀固定螺钉松脱	1.修理或更换 2.拧紧固定螺钉
开启式负载开关	• 合闸后一相或两相没电压	1.静触点弹性消失，开口过大，使静触点与动触点不能接触 2.熔丝烧断或虚连 3.静触点、动触点氧化或有尘污 4.电源进线或出线线头氧化后接触不良	1.更换静触点 2.更换熔丝 3.清洁触点 4.检查进出线
	• 闸刀短路	1.外接负载短路，熔丝烧断 2.金属异物落入开关或连接熔丝引起相间短路	1.检查负载，将短路排除后更换熔丝 2.检查开关内部，拿出金属异物或接好熔丝
	• 动触点或静触点烧坏	1.开关容量太小 2.拉、合闸时动作太慢造成电弧过大，烧坏触点	1.更换大容量的开关 2.改善操作方法

类型	故障现象	原　因	排除方法
封闭式负载开关	· 操作手柄带电	1.外壳未接地线或地线接触不良 2.电源进出线绝缘损坏碰壳	1.加装或检查接地线 2.更换导线
	· 夹座(静触点)过热或烧坏	1.夹座表面烧毛 2.触刀与夹座压力不足 3.负载过大	1.用细锉修整 2.调整夹座压力 3.减轻负载或调换较大容量的开关

9.2　组合开关的常见故障及排除方法

组合开关的常见故障及排除方法见表 9.2。

表 9.2　组合开关的常见故障及排除方法

故障现象	原　因	排除方法
· 手柄转动 90°角后,内部触点未动	1.手柄上的三角形或半圆形口磨成圆形 2.操作机构损坏 3.绝缘杆变形(由方形磨成圆形) 4.轴与绝缘杆装配不紧	1.调换手柄 2.修理操作机构 3.更换绝缘杆 4.紧固轴与绝缘杆
· 手柄转动后,三副静触点和动触点不能同时接通或断开	1.开关型号不对 2.修理后触点角度装配不正确 3.触点失去弹性或有尘污	1.更换开关 2.重新装配 3.更换触点或清除尘污
· 开关接线柱短路	· 铁屑或油污附着在接线柱间,形成导电层,将胶木烧焦,绝缘破坏形成短路	· 清扫开关或调换开关

9.3　铁壳开关的常见故障及排除方法

铁壳开关的常见故障及排除方法见表 9.3。

表 9.3　铁壳开关的常见故障及排除方法

故障现象	原　因	排除方法
· 合闸后一相或两相没电	1.夹座弹性消失或开口过大 2.熔丝熔断或接触不良 3.夹座、动触点氧化或有污垢 4.电源进线或出线头氧化	1.更换夹座 2.更换熔丝 3.清洁夹座或动触点 4.检查进出线头

故障现象	原　因	排除方法
· 动触点或夹座过热或烧坏	1.开关容量太小 2.分、合闸时动作太慢造成电弧过大,烧坏触点 3.夹座表面烧毛 4.动触点与夹座压力不足 5.负载过大	1.更换较大容量的开关 2.改进操作方法,分、合闸时动作要迅速 3.用细锉刀修整 4.调整夹座压力,使其适当 5.减轻负载或调换较大容量的开关
· 操作手柄带电	1.外壳接地线接触不良 2.电源线绝缘损坏	1.检查接地线,并重新接好 2.更换合格的导线

9.4 时间继电器的常见故障及排除方法

时间继电器的常见故障及排除方法见表 9.4。

表 9.4　时间继电器的常见故障及排除方法

故障现象	原　因	排除方法
· 延时触点不动作	1.电磁铁线圈断线 2.电源电压低于线圈额定电压很多· 3.电动机式时间继电器的同步电动机线圈断线 4.电动机式时间继电器的棘爪无弹性,不能刹住棘齿 5.电动机式时间继电器游丝断裂	1.更换线圈 2.更换线圈或调高电源电压 3.调换同步电动机 4.调换棘爪 5.调换游丝
· 延时时间缩短	1.空气阻尼式时间继电器的气室装配不严,漏气 2.空气阻尼式时间继电器的气室内橡皮薄膜损坏	1.修理或调换气室 2.调换橡皮膜
· 延时时间变长	1.空气阻尼式时间继电器的气室内有灰尘,使气道阻塞 2.电动机式时间继电器的传动机构缺润滑油	1.清除气室内灰尘,使气道畅通 2.加入适量的润滑油

9.5　按钮的常见故障及排除方法

按钮的常见故障及排除方法见表 9.5。

表 9.5　按钮的常见故障及排除方法

故障现象	原　因	排除方法
· 按下启动按钮时有触电感觉	1. 按钮的防护金属外壳与连接导线接触 2. 按钮帽的缝隙间有导电物	1. 检查按钮内连接导线 2. 清理按钮
· 停止按钮失灵,不能断开电路	1. 接线错误 2. 线头松动或搭接在一起 3. 灰尘过多或油污使停止按钮两动断触点形成短路 4. 胶木烧焦短路	1. 改正接线 2. 检查停止按钮接线 3. 清理按钮 4. 更换按钮
· 被控电器不动作	1. 被控电器损坏 2. 按钮复位弹簧损坏 3. 按钮接触不良	1. 检修被控电器 2. 修理或更换弹簧 3. 清理按钮触点

9.6　主令控制器的常见故障及排除方法

主令控制器的常见故障及排除方法见表 9.6。

表 9.6　主令控制器的常见故障及排除方法

故障现象	原　因	排除方法
· 触点过热或烧毁	1. 电路电流过大 2. 触点压力不足 3. 触点表面有油污 4. 触点超行程过大	1. 选用较大容量主令控制器 2. 调整或更换触点弹簧 3. 清洗触点 4. 更换触点
· 手柄转动失灵	1. 定位机构损坏 2. 静触点的固定螺钉松脱 3. 控制器落入杂物	1. 修理或更换定位机构 2. 紧固螺钉 3. 清除杂物
· 定位不准或开闭顺序不正确	1. 凸轮片碎裂脱落或凸轮角度磨损变化使开闭角度有变化 2. 棘轮机构损坏或磨损	1. 更换凸轮片 2. 更换

9.7 万能转换开关的常见故障及排除方法

万能转换开关的常见故障及排除方法见表 9.7。

表 9.7 万能转换开关的常见故障及排除方法

故障现象	原 因	排除方法
• 外部连接点放电,烧蚀或断路	1.开关固定螺栓松动 2.旋转操作过频繁 3.导线压接处松动	1.紧固固定螺栓 2.适当减少操作次数 3.处理导线接头,压紧螺钉
• 触点位置改变,控制失灵	• 开关内部转轴上的弹簧松软或断裂	• 更换弹簧
• 触点起弧烧蚀	1.开关内部的动、静触点接触不良 2.负载过重	1.调整动、静触点,修整触点表面 2.减轻负载或更换容量大一级的开关
• 开关漏电或炸裂	• 使用环境恶劣、受潮气、水及导电介质的侵入	• 改善环境条件、加强维护

9.8 行程开关的常见故障及排除方法

行程开关的常见故障及排除方法见表 9.8。

表 9.8 行程开关的常见故障及排除方法

故障现象	原 因	排除方法
• 挡铁碰撞行程开关,触点不动作	1.行程开关位置安装不对,离挡铁太远 2.触点接触不良 3.触点连接线松脱	1.调整行程开关或挡铁位置 2.清理触点 3.紧固连接线
• 开关复位后,动断触点不闭合	1.触点被杂物卡住 2.动触点脱落 3.弹簧弹力减退或卡住 4.触点偏斜	1.清理开关杂物 2.装配动触点 3.更换弹簧 4.调整触点
• 杠杆已偏转,但触点不动作	1.行程开关位置太低 2.行程开关内机械卡阻	1.调高开关位置 2.检修

9.9 熔断器的常见故障及排除方法

熔断器的常见故障及排除方法见表9.9。

表 9.9 熔断器的常见故障及排除方法

故障现象	原 因	排除方法
• 熔断器熔体熔断	1.熔体选择过小 2.被保护的电路短路或接地 3.安装熔体时有机械损伤 4.缺相	1.更换熔体 2.找出故障点并排除 3.更换新的熔体 4.检查熔断器及被保护电路,找出断路点并排除
• 熔体未熔断,但电路不通	1.熔体或连接线接触不良 2.紧固螺钉松脱	1.旋紧熔体或将接线接牢 2.找出松动处将螺钉或螺母旋紧
• 熔断器过热	1.接线螺钉松动,导线接触不良 2.接线螺钉锈死,压不紧线 3.触刀或刀座生锈,接触不良 4.熔体规格太小,负载过重	1.拧紧螺钉 2.更换螺钉、垫圈 3.清除锈蚀 4.更换合适的熔体或熔断器
• 瓷绝缘件破损	1.外力破坏 2.操作时用力过猛 3.过热引起	1.停电更换 2.更换 3.查明原因,排除故障

9.10 速度继电器的常见故障及排除方法

速度继电器的常见故障及排除方法见表9.10。

表 9.10 速度继电器的常见故障及排除方法

故障现象	原 因	排除方法
• 反接制动时速度继电器失效,电动机不能制动	1.速度继电器胶木摆杆断裂 2.速度继电器常开触点接触不良 3.弹性动触片断裂或失去弹性	1.调换胶木摆杆 2.清除触点表面油污 3.调换弹性动触片
• 制动不正常	• 速度继电器的弹性动触片调整不当	1.将调整螺钉向下旋,弹性动触片的弹性增大,速度较高时才能推动 2.将调整螺钉向上旋,弹性动触片的弹性减小,速度较低时便可推动

9.11 凸轮控制器的常见故障及排除方法

凸轮控制器的常见故障及排除方法见表9.11。

表9.11 凸轮控制器的常见故障及排除方法

故障现象	原 因	排除方法
· 主电路中常开主触点间短路	1. 灭弧罩破裂 2. 触点间绝缘损坏 3. 手轮转动过快	1. 调换灭弧罩 2. 调换凸轮控制器 3. 降低手轮转动速度
· 触点熔焊	1. 触点弹簧脱落或断裂 2. 触点弹簧压力过小 3. 控制器容量太小	1. 调换触点弹簧 2. 调大触点弹簧压力 3. 调大控制器容量或减轻负载
· 触点过热	1. 触点接触不良 2. 触点上连接螺钉松动	1. 用细锉轻轻修整 2. 旋紧螺钉
· 操作时有卡轧现象及噪声	1. 滚动轴承损坏 2. 异物落入凸轮鼓或触点内	1. 调换轴承 2. 清除异物

9.12 电磁式控制继电器的常见故障及排除方法

电磁式控制继电器的常见故障及排除方法见表9.12。

表9.12 电磁式控制继电器的常见故障及排除方法

故障现象	原 因	排除方法
· 通电后不能动作	1. 线圈断路 2. 线圈额定电压高于电源电压 3. 运动部件被卡住 4. 运动部件歪斜和生锈	1. 更换线圈 2. 更换额定电压合适的线圈 3. 查明卡住的地方并加以调整 4. 拆下后重新安装调整及清洗去锈
· 通电后不能完全闭合或吸合不牢	1. 线圈电源电压过低 2. 运动部件被卡住 3. 触点弹簧或释放弹簧压力过大 4. 交流铁心极面不平或严重锈蚀	1. 调整电源电压或更换额定电压合适的线圈 2. 查出卡住处并加以调整 3. 调整弹簧压力或更换弹簧 4. 修整极面及去除锈蚀或更换铁心
· 线圈损坏或烧毁	1. 交流铁心分磁环断裂 2. 空气中含粉尘、油污、水蒸气和腐蚀性气体，以致绝缘损坏 3. 线圈内部断线 4. 线圈因机械碰撞和振动而损坏	1. 更换分磁环或更换铁心 2. 更换线圈，必要时还要涂覆特殊绝缘漆 3. 重绕或更换线圈 4. 先应查明原因并作适当处理，

续表 9.12

故障现象	原　因	排除方法
· 线圈损坏或烧毁		再更换或修复线圈
	5.线圈在超压或欠压下运行而电流过大	5.检查并调整线圈电源电压
	6.线圈额定电压比其电源电压低	6.更换额定电压合适的线圈
	7.线圈匝间短路	7.更换线圈
· 触点严重烧损	1.负载电流过大	1.查明原因,采取适当措施
	2.触点积聚尘垢	2.清理触点接触面
	3.电火花或电弧过大	3.采用灭火花电路
	4.触点烧损过大,接触面小且接触不良	4.修整触点接触面或更换触点
	5.触点超程太小	5.更换触点
	6.接触压力太小	6.调整触点弹簧或更换新弹簧
· 触点发生熔焊	1.闭合过程中振动过分激烈或发生多次振动	1.查明原因,采取相应措施
	2.接触压力太小	2.调整或更换弹簧
	3.接触面上有金属颗粒凸起或异物	3.清理触点接触面
· 线圈断电后仍不释放	1.释放弹簧反力太小	1.换上合适的弹簧
	2.极面残留黏性油脂	2.将极面擦拭干净
	3.交流继电器防剩磁气隙已太小	3.用细锉将有关极面锉去0.1mm 左右
	4.直流继电器的非磁性垫片磨损严重	4.更换新的非磁性垫片
	5.运动部件被卡住	5.查明原因作适当处理
	6.触点已熔焊	6.撬开已熔焊的触点并更换新的

9.13　交流接触器的常见故障及排除方法

交流接触器的常见故障及排除方法见表 9.13。

表 9.13　交流接触器的常见故障及排除方法

故障现象	原　因	排除方法
· 通电后不能合闸	1.线圈供电线路断路	1.检查线路,找出断开点,把线重新接好
	2.线圈本身断路	2.更换线圈
	3.启动按钮触点接触不良	3.清理触点或更换按钮
	4.线圈额定电压比线路电压高	4.换上额定电压合适的线圈
	5.触点与灭弧室壁之间卡住或其他可动零部件与其运动导轨或导槽卡住	5.调整互相卡住的零部件的相对位置,消除它们之间的摩擦

故障现象	原 因	排除方法
• 通电后不能合闸	6.转轴生锈或歪斜	6.拆下来清洗去锈或调换已磨损零部件,上润滑油
• 通电后不能完全闭合	1.控制电路电源电压过低(低于85％额定值)	1.调整电源电压
	2.线圈额定电压高于线路电压	2.换上额定电压合适的线圈
	3.可动部分被卡住	3.调整互相卡住的零部件的位置,去除障碍物
	4.触点弹簧压力与释放弹簧压力过大	4.调整弹簧压力或更换弹簧
	5.触点超程过大	5.调整触点超程
• 触点严重发热	1.负载电流过大	1.查明过载原因,采取措施
	2.触点生锈,或积有尘垢,或铜触点严重氧化	2.清理接触面
	3.触点严重烧损,以致接触面大大缩小,接触不良	3.用细锉刀整修,使接触面光洁,必要时更换触点
	4.超程过小	4.能调整则调整一下,不能调整就更换触点
	5.行程过大以致接触压力不足	5.进行调整或更换触点
	6.触点表面氧化	6.去除氧化层
	7.触点磨损过大,造成接触不良	7.更换触点
	8.触点压力弹簧断裂或疲劳	8.更换弹簧
	9.负载电流过大	9.改用更大容量的产品
	10.接触压力不足	10.调整或更换弹簧
	11.接线松动	11.清理后接牢
• 主触点在工作位置上冒火花	• 铁心吸合不可靠,有振动	1.控制电压过低应进行调整
		2.如短路环不起作用应检查及更换
		3.铁心损坏则更换铁心
• 主触点熔焊	1.闭合过程中振动过于剧烈,而且多次发生振动	1.查明原因后采取相应措施,如线圈供电电压是否过高,主回路电流是否过大
	2.接触压力不足	2.更换触点弹簧
	3.触点分断能力不足	3.改用触点分断能力高一级的接触器
	4.触点表面有金属颗粒突起或异物	4.清理触点表面
• 相间短路	1.可逆转的接触器联锁不可靠,致使两个接触器同时投入运行而造成相间短路	1.检查电气联锁与机械联锁
	2.接触器动作过快,发生电弧短路	2.更换动作时间较长的接触器
	3.尘埃或油污使绝缘变坏	3.经常清理保持清洁
	4.零件损坏	4.更换损坏零件

故障现象	原因	排除方法
• 运行中铁心噪声过大或发生振动	1. 线圈电压不足	1. 调整线圈电压
	2. 铁心极面有污垢或生锈或因磨损过度而不平	2. 清理极面，必要时可刮削修整
	3. 短路环断裂	3. 更换新短路环
	4. 动或静铁心夹紧螺丝松动	4. 将螺丝紧固
	5. 可动部分配合不当	5. 查明故障后进行调整
	6. 反作用力过大	6. 更换合适的弹簧
• 松开启动按钮后接触器立即释放	1. 接触器辅助触点接触不良	1. 清理辅助触点或更换新触点
	2. 控制回路中的触点接触不良	2. 查明接触不良的触点加以清理或更换
	3. 自锁触点接线不对	3. 查对接线
• 接触器动作过于缓慢	1. 动静铁心间的间隙过大	1. 调整机械部分，减小间隙
	2. 安装位置不妥当	2. 按产品使用说明书或技术条件的规定重新安装
	3. 线圈电压不足	3. 调整线圈电压
	4. 反作用力过大	4. 换上合适的弹簧
• 线圈损坏或烧毁或引出线断裂	1. 因空气潮湿或含腐蚀性气体以致绝缘损坏	1. 更换新线圈，必要时还要涂刷特殊绝缘漆
	2. 线圈内部断线	2. 重绕或更换新的
	3. 因碰撞或振动导致机械损伤	3. 查明原因，作好处置，再修好损坏处或更换新线圈
	4. 线圈额定电压比控制回路的低	4. 更换额定电压相符的线圈
	5. 线圈的通电持续率与实际情况不符	5. 更换 TD 值相符的线圈
	6. 线圈超过规定电压运行	6. 检查线路电压并采取适当措施
	7. 欠电压运行，衔铁不能被吸合	7. 检查并调整线路电压
	8. 交流线圈操作频率过高	8. 降低操作频率或更换能适应高操作频率的线圈或接触器
	9. 双线圈结构因自锁触点焊住以致启动绕组长期通电	9. 更换自锁触点并排除导致该触点焊住的故障
	10. 周围环境温度过高	10. 更换安装所或采取降温措施
	11. 线圈匝间短路	11. 更换线圈
	12. 线圈因机械损伤或附有导电尘埃而发生局部短路	12. 更换线圈
	13. 接头焊接不良，以致因接触电阻过大而烧断	13. 重新焊好
	14. 线圈电流过大	14. 检查控制回路电压，发现电压过低时，应设法调整

续表 9.13

故障现象	原 因	排除方法
· 短路环断裂	1.铁心碰撞过于猛烈	1.查明原因,采取措施并更换短路环,若无法更换,则应更换铁心
	2.机械寿命终结	2.更换铁心
· 断电后接触器不释放	1.反作用力过大	1.换上适合的弹簧
	2.剩磁过大	2.对于直流接触器应更换或加厚非磁性垫片,对于交流磁系统应将剩磁间隙处的极面锉去一部分或更换磁系统
	3.新接触器铁心表面所涂凡士林未擦净	3.用抹布将凡士林擦净
	4.可动部分被卡住	4.检查并清除障碍物或调整互相卡住的零部件的位置
	5.安装位置不妥当	5.按产品使用说明书中技术条件的规定重新安装
	6.触点已经熔焊在一起	6.撬开已熔焊的触点或酌情更换新触点
	7.控制线路接线有错	7.查对控制线路

9.14 电磁铁的常见故障及排除方法

电磁铁的常见故障及排除方法见表 9.14。

表 9.14 电磁铁的常见故障及排除方法

故障现象	原 因	排除方法
· 线圈过热或烧毁	1.电磁铁的牵引超载	1.调整弹簧压力或调整重锤位置
	2.在工作位置上电磁铁极面之间有间隙	2.调整机械装置,消除间隙
	3.制动器的工作方式与线圈的特性不符合	3.改用符合使用情况的电磁铁和线圈
	4.线圈的额定电压与电路电压不符合	4.更换线圈
	5.线圈的匝数不够或有匝间短路	5.增加匝数或更换线圈
	6.三相电磁铁线圈的连接极性不对	6.校正极性连接
	7.操作频率高于电磁铁的额定操作频率	7.更换电磁铁或线圈
	8.三相电磁铁一相线圈烧坏	8.重绕线圈

故障现象	原　因	排除方法
• 有较大的响声	1. 电磁铁过载	1. 调整弹簧压力与重锤位置
	2. 极面有污垢、生锈	2. 去掉污垢、锈斑
	3. 衔铁吸合时未与铁心对正	3. 纠正工作位置
	4. 极面磨损不平	4. 修正极面
	5. 短路环断裂	5. 重焊或更换
	6. 衔铁与机械部分连接松脱	6. 装好
	7. 三相电磁铁的某一线圈烧毁	7. 换线圈
	8. 线圈电压太低	8. 提高电压
	9. 三相电磁铁的线圈极性接法不对	9. 校正极性连接
	10. 弹簧反力大于电磁铁平均吸力	10. 调整反力系统
• 机械磨损断裂	• 电路电压过高、冲击力过大,衔铁振动,润滑不良,工作过于繁重	• 找出原因,针对性解决
• 衔铁吸不起	1. 机械部分卡阻	1. 清除杂物、打磨、加注润滑油
	2. 电压过低	2. 提高供电电压
	3. 三相电磁铁线圈接线错误	3. 核对接线
	4. 线圈断线、短路	4. 修理或更换线圈
• 断电后衔铁不下落	1. 机构卡阻	• 找出原因后予以消除
	2. 润滑油冻结	
	3. 直流电磁铁剩磁过大	
	4. 非磁性垫片磨损	

9.15　断路器的常见故障及排除方法

断路器的常见故障及排除方法见表 9.15。

表 9.15　断路器的常见故障及排除方法

故障现象	原　因	排除方法
• 手动操作的断路器不能闭合	1. 欠电压脱扣器无电压或线圈损坏	1. 检查线路后加上电压或更换线圈
	2. 储能弹簧变形,闭合力减小	2. 更换储能弹簧
	3. 释放弹簧的反作用力太大	3. 调整弹力或更换弹簧
	4. 机构不能复位再扣	4. 调整脱扣面至规定值
• 断路器在工作一段时间后自动断开	1. 过电流脱扣器长延时整定值不符要求	1. 重新调整
	2. 热元件或半导体元件损坏	2. 更换元件
	3. 外部电磁场干扰	3. 进行隔离

故障现象	原　因	排除方法
· 欠电压脱扣器有噪声或振动	1. 铁心工作面有污垢 2. 短路环断裂 3. 反力弹簧的反作用力太大	1. 清除污垢 2. 更换衔铁或铁心 3. 调整或更换弹簧
· 断路器温升过高	1. 触点接触压力太小 2. 触点表面过分磨损或接触不良 3. 导电零件的连接螺钉松动	1. 调整或更换触点弹簧 2. 修整触点表面或更换触点 3. 拧紧螺钉
· 辅助触点不能闭合	1. 动触桥卡死或脱落 2. 传动杆断裂或滚轮脱落	1. 调整或重装动触桥 2. 更换损坏的零件
· 电动操作的断路器不能闭合	1. 操作电源电压不符 2. 操作电源容量不够 3. 电磁铁或电动机损坏 4. 电磁铁拉杆行程不够 5. 电动机操作定位开关失灵 6. 控制器中整流管或电容器损坏	1. 更换电源或升高电压 2. 增大电源容量 3. 检修电磁铁或电动机 4. 重新调整或更换拉杆 5. 重新调整或更换开关 6. 更换整流管或电容器
· 有一相触点不能闭合	1. 该相连杆损坏 2. 限流开关斥开机构可折连杆之间的角度变大	1. 更换连杆 2. 调整至规定要求
· 分励脱扣器不能使断路器断开	1. 线圈损坏 2. 电源电压太低 3. 脱扣面太大 4. 螺钉松动	1. 更换线圈 2. 更换电源或升高电压 3. 调整脱扣面 4. 拧紧螺钉
· 欠电压脱扣器不能使断路器断开	1. 反力弹簧的反作用力太小 2. 储能弹簧力太小 3. 机构卡死	1. 调整或更换反力弹簧 2. 调整或更换储能弹簧 3. 检修机构
· 断路器在启动电动机时自动断开	1. 电磁式过流脱扣器瞬动整定电流太小 2. 空气式脱扣器的阀门失灵或橡皮膜破裂	1. 调整瞬动整定电流 2. 更换